寓教於樂
AI人工智慧概念

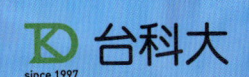

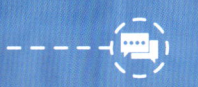

含特徵小偵探桌遊包

附 MOSME 行動學習一點通 診斷

國立屏東大學 吳聲毅・方嘉岑 編著

序言

　　近年來受到深度學習的發展，讓世界各國積極推動人工智慧的研發與應用。包含臺灣的許多國家體認到人工智慧對於國家發展的重要性與未來性，因此，提出人工智慧的觀念要從小培養，甚至有些國家已開始編製相關的教材。然而，對於學童來說，他們只用課本的文字和圖像來學習人工智慧的觀念是很困難的。所以，除了有網站平台與教具外，如果可以從遊戲中學習人工智慧的觀念，將可以提升學童學習人工智慧的興趣。

　　本教材與所搭配之桌遊，以不插電桌遊之方式，開發與引導國小學童遊玩的人工智慧桌遊。桌遊將以類似神經網路的圖樣為主，透過不同的玩法體驗人工智慧在計算時的概念，學童可以透過桌遊學習神經元、突觸、特徵量、機器學習、監督式學習、非監督式學習、強化學習、深度學習等人工智慧相關概念。除了人工智慧相關概念，亦可以從遊戲機制與卡牌中，了解人工智慧在生活中的應用。

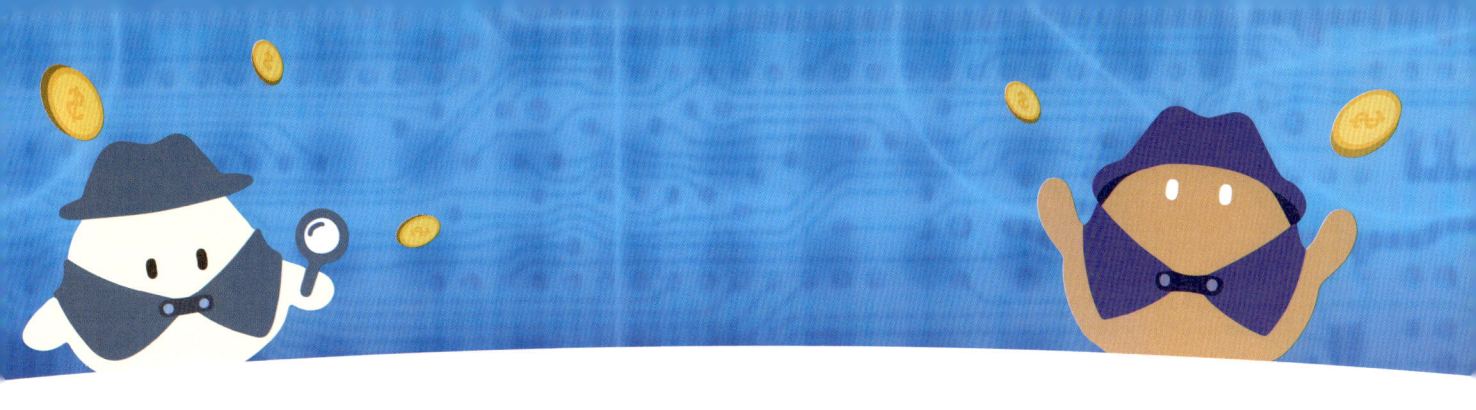

在教材內容的設計上，特別擺脫傳統以學習目標導向的編排方式。希望家長、教師或是學童，能先依據書本指引進行桌遊的遊玩，玩到熟悉之後，再來想一想從遊玩中可以學到什麼。此教材與桌遊得以付梓，感謝台科大圖書團隊大力協助；在開發的過程中，要感謝國科會人文司科學教育實作學門的計畫經費補助，亦要感謝國立屏東大學 STEM 教育中心與在製作過程中所有協助測試、推廣的國小教師們。

國立屏東大學 吳聲毅、方嘉岑

謹誌

目錄

Chapter 1 人工智慧 (AI) 是什麼

1-1 人工智慧發展的背景　　2
1-2 人類的大腦怎麼思考　　4
1-3 機器學習與深度學習　　6

Chapter 2 生活中的人工智慧體驗

2-1 人工智慧發展的背景　　12
2-2 無程式碼機器學習工具 Teachable Machine 介紹與操作　　15

Chapter 3 特徵小偵探：人工智慧桌遊

3-1 人工智慧桌遊簡介　　24
3-2 遊戲物件介紹　　25
3-3 卡牌介紹　　29

Contents

Chapter 4 特徵小偵探：監督式學習

4-1　監督式學習概念　　　　　　　　　　　　　48
4-2　特徵小偵探人工智慧概念桌遊玩法 1 介紹　　50

Chapter 5 特徵小偵探：非監督式學習

5-1　非監督式學習概念　　　　　　　　　　　　56
5-2　特徵小偵探人工智慧概念桌遊玩法 2 介紹　　58

Chapter 6 特徵小偵探：強化學習

6-1　強化學習概念　　　　　　　　　　　　　　64
6-2　特徵小偵探人工智慧概念桌遊玩法 3 介紹　　67

附錄

給讀者 / 玩家的話　　　　　　　　　　　　　　72
遊戲時間參考解答　　　　　　　　　　　　　　73

Chapter 1 人工智慧 (AI) 是什麼

1-1　人工智慧發展的背景
1-2　人類的大腦怎麼思考
1-3　機器學習與深度學習

學習目標

1. 瞭解人工智慧發展的背景。
2. 瞭解人類的大腦怎麼思考。
3. 瞭解機器學習與深度學習。

1-1 人工智慧發展的背景

「人工智慧」一詞這幾年一直在各種新聞媒體中出現，政府部門與企業機構也編印相關教材，讓中小學生可以學習，可見人工智慧對於人們現在與未來的影響很大。那人工智慧是何時被提出的呢？又為什麼會被提出呢？

人工智慧的概念源自於西元 1950 年，在學者 Alan 發表的一篇文章─Computing Machinery and Intelligence 中，第一次提出將機器計算與智能結合的想法（Alan, 1950）。而人工智慧（Artificial Intelligence, AI）一詞，首度出現在 1956 年的達特茅斯會議（Dartmouth Conference）上，許多學者共同討論人工智慧，當作學術的研究（神崎洋治，2018）。

從 1956 年至今，人們對於人工智慧的解釋眾多，一般讓社會大眾知曉的說法是指透過電腦程式實現類似人類智慧的技術（Russell & Norvig, 2016）。而人工智慧的研究，一直都處在熱潮與寒冬兩個世代交替（松尾豐，2016）。第一次熱潮出現在 1950 年代後期到 1960 年代，當時人工智慧主要研究議題是針對特定問題做推論、探索，並給予解決。但因為是針對特定問題，所以無法解決現實生活中複雜的真實問題，因此進入了第一次寒冬期。第二次熱潮出現在 1980 年代，此時研究的主要方向是將知識輸入到電腦中，讓電腦變聰明。因此出現了如專家系統的發展。但又因為大家發現管理知識並不是這麼容易，也成效不彰，所以進入了第二次的寒冬。

到了 1990 年代中期，網路發展造成搜尋引擎快速崛起，在 2000 年後，大數據的世代來臨，加上深度學習技術的發展，開始進入到第三次熱潮。

Chapter 1　人工智慧 (AI) 是什麼

發展趨勢

第三次高潮
深度學習、大數據、電腦運算速度大幅增加。

第二次高潮
語音辨識、機器翻譯、專家系統、類神經網絡。

第一次高潮
出現很多頂級算法

第二次低潮
技術還不夠好，無法超越人類對於AI的高度預期。

第一次低潮
某類算法僅能解決狹窄領域的問題，計算能力不足支撐發展。

AI誕生
達特茅斯會議

1956年　1974年　1980年　1987年　1993年　2010年　時間

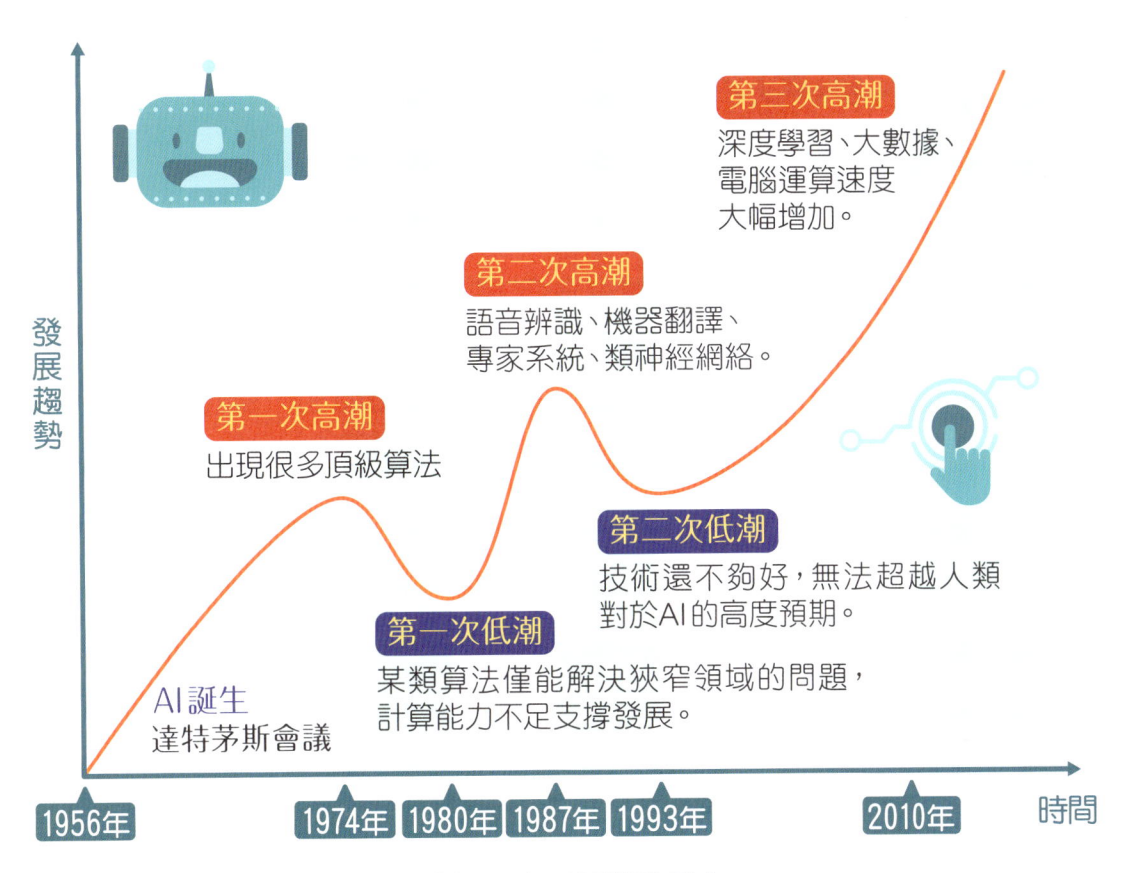

● 圖1　人工智慧發展史

1-2 人類的大腦怎麼思考

人工智慧的技術就像是把電腦變人腦，才能處理真實世界中的複雜問題。所以在認識人工智慧之前，需要先了解人類的大腦是怎麼思考的。

在人類的大腦中，有兩個名詞是我們需要先知道的，那麼就是「神經元（neuron）」和「突觸（synapse）」。神經元是神經系統的結構與功能單位之一，神經元能感知環境的變化，再將訊息傳遞給其他的神經元，並透過指令做出反應。神經元按功能分成三大類，包括感覺神經元（sensory neuron）、運動神經元（motor neuron）和聯合神經元（association neuron）。而在大腦的神經細胞裡，有名為突觸的部位，作為神經傳導的功能。只要突觸到達一定電壓以上，就會釋放神經傳導物質，把電子訊號傳遞給下一個神經細胞。

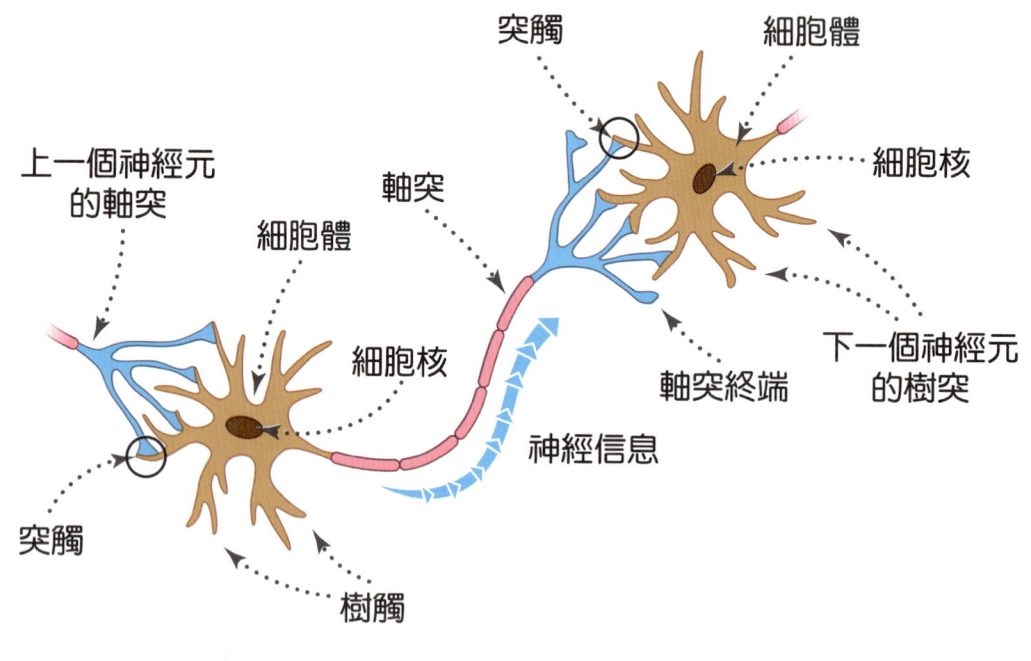

• 圖 2　神經系統結構圖

了解人類的大腦是透過神經元與突觸進行資料的傳遞後，科學家們模仿人類的大腦神經傳遞方式，發展類神經網路（Neural Network）的數學模型。類神經網路的數學模型由一個節點層組成，包括一個輸入層、一個以上的隱藏層，以及一個輸出層。每一個節點模仿上述所說人類的神經元，每一個節點會連接到另一個節點，而且會有加權（不同權重）和臨界值（上限）。如果任何一個節點的輸出高於臨界值，則可以將資料傳送至網路的下一層。這樣做的目的，可以讓神經網路透過數學統計學類型的學習方法達到找出最適合的解答（最佳化）。而這個最佳化結果的呈現，就會讓人們覺得電腦變的很聰明。

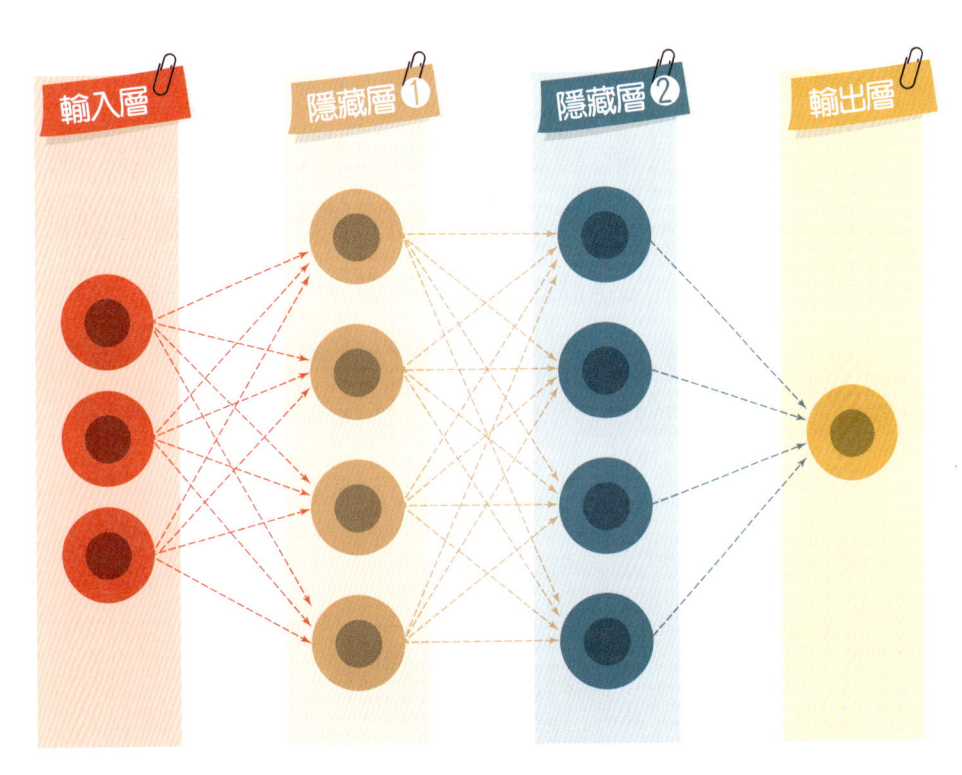

● 圖 3　類神經網路（Artificial Neural Network，ANN）示意圖

1-3 機器學習與深度學習

類神經網絡是模擬人類大腦的神經迴路結構的數學模式，也是讓電腦學習人類思考的學習模式。在類神經網絡中，經常會聽到機器學習一詞。所謂的機器學習，是一種人工智慧的程式自行學習的機制。有關自行學習的機制，常見的包括監督式學習（Supervised Learning）、非監督式學習（Unsupervised Learning）與強化學習（Reinforcement Learning）三種學習機制，以下分別介紹。

1-3.1 監督式學習（Supervised Learning）

把含標籤資料（正確答案）匯入電腦中，並給予機器相對應的值，提供機器學習時進行判斷。此方法先由人類進行分類，再將答案告知電腦，電腦就有一套標準答案。例如要訓練電腦分辨貓咪和狗時，匯入有標示1000張貓咪的照片及1000張標示為狗的照片進行訓練後，再拿一張新的照片詢問電腦這是貓咪還是狗，因為匯入資料時有特別標示出貓咪和狗，所以機器在學習時是有特定答案再進行學習，根據標示出的標籤，將新照片進行分析找出共同特徵來預測答案。

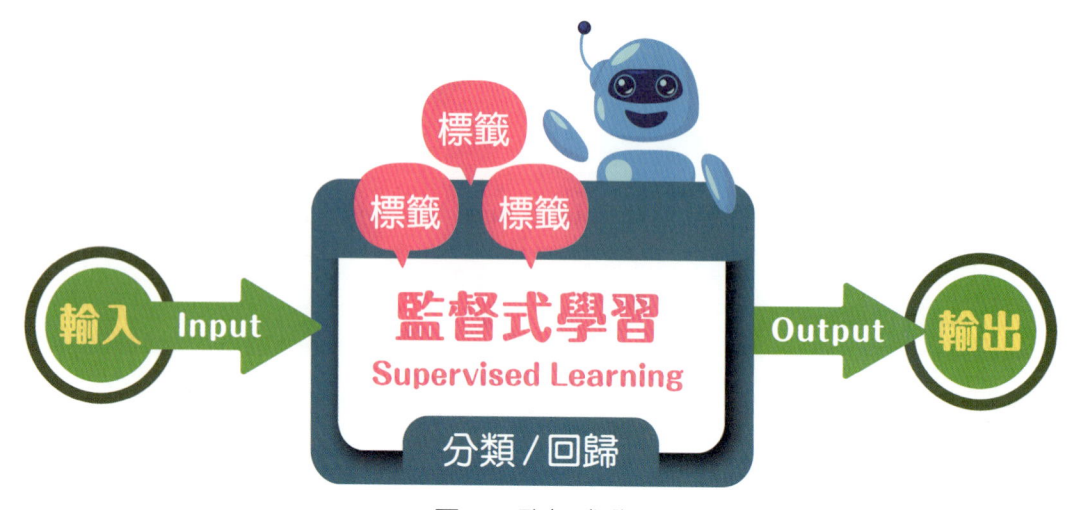

• 圖4　監督式學習

1-3.2　非監督式學習（Unsupervised Learning）

　　將資料匯入電腦進行訓練時，不告知電腦正確答案，所有資料都沒有標註，讓電腦自行透過輸入的資料進行分類或分群，將資料分析及學習找出資料之間的特徵關聯性，自己進行分類。此種方法不用人類先進行資料分類，但進行學習時輸入的資料較少，較容易產生誤差，不夠精準。需要透過大量的資料進行訓練才可獲得較高的準確度。

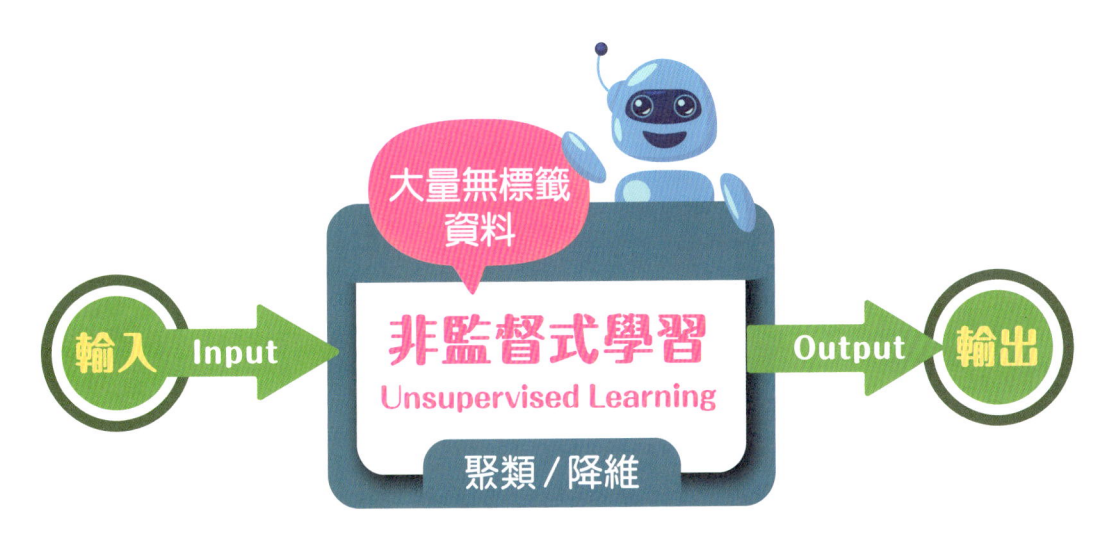

● 圖 5　非監督式學習

1-3.3 強化式學習（Reinforcement Learning）

強化學習主要透過與環境的互動後，得到正面或負面回饋，並依據回饋進行調整，使結果可以越來越好的方式來進行學習。強化式學習的方式，一開始與非監督是學習依樣不標註任何資料，但是，在訓練的過程當中會給予機器一些回饋，根據回饋的好壞，讓機器自己進行修正。例如機器將貓咪的照片分辨為狗狗時，由人類給予錯誤的訊息進行回饋，機器再依據收到的回饋進行修正，慢慢地經過接收回饋與訓練之後，機器預測的精準度會越來越高。

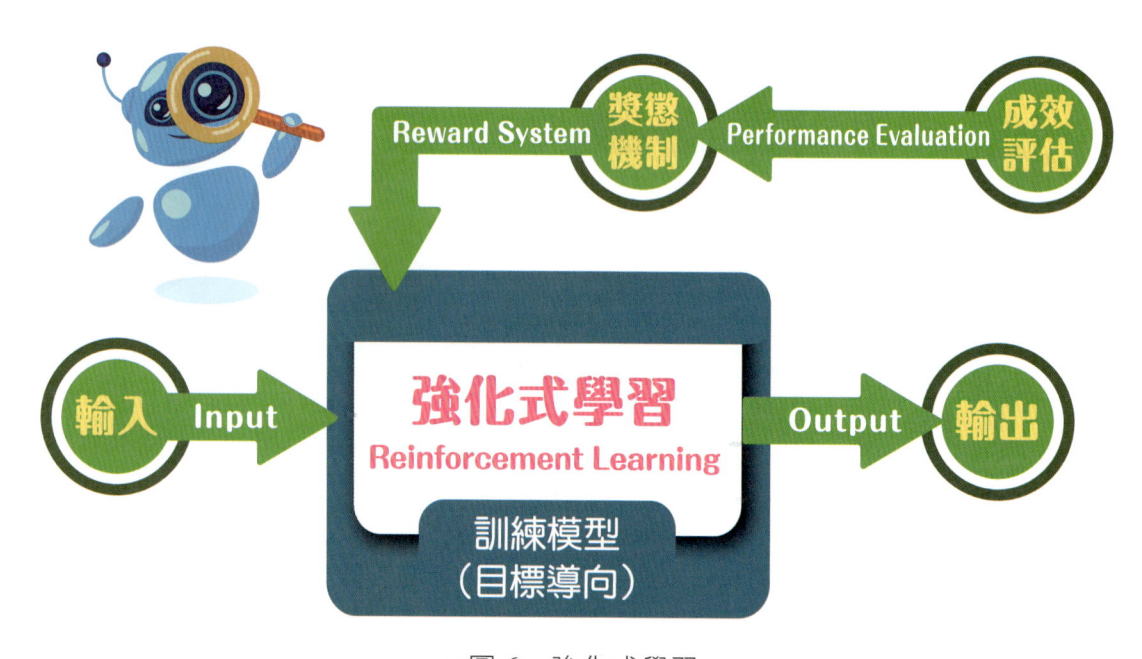

• 圖 6　強化式學習

除了監督式學習、非監督式學與強化學習三種學習機制外。近幾年在機器學習的分支中，深度學習（Deep Learning）是人工智慧中成長最快的領域。深度學習之所以稱做深度，主要是因為在機器學習中，隱藏層可以有很多層。

深度學習模擬人類神經網絡的運作方式，常見的深度學習架構，例如：多層感知器（Multilayer Perceptron）、深度神經網路 DNN（Deep Neural Network）、卷積神經網路 CNN（Convolutional Neural Network）、遞迴神經網路 RNN（Recurrent Neural Network）。深度學習特別應用於視覺辨識、語音識別、自然語言處理、生物醫學等領域，取得非常好的效果。

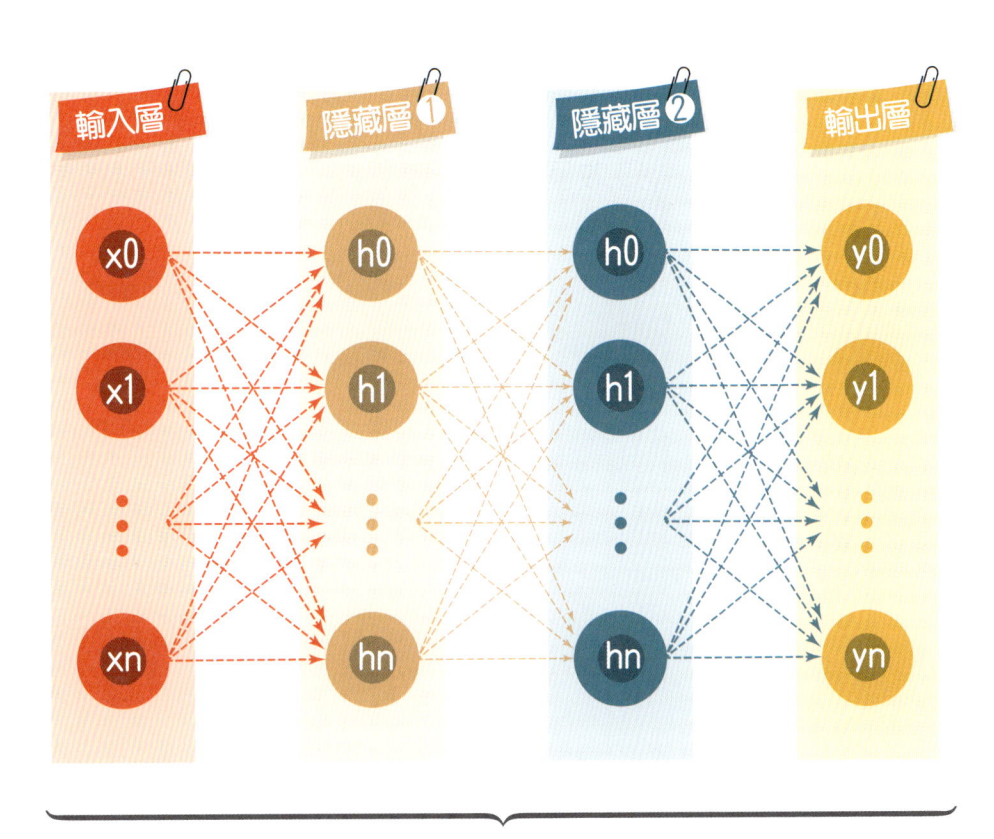

隱藏層可以非常多層，所以稱為深度學習

• 圖 7　深度學習架構示意圖

AI 人工智慧概念

Chapter 2 生活中的人工智慧體驗

2-1 生活中常見的人工智慧
2-2 無程式碼機器學習工具 Teachable Machine 介紹與操作

學習目標

1. 認識生活中的人工智慧。
2. 認識 Google 的無程式碼機器學習工具 Teachable Machine。

2-1 生活中常見的人工智慧

• 圖 1

　　想一想，日常生活中有哪些是我們常接觸到的人工智慧呢？在智慧型手機的時代，有聽過「嘿！Siri，今天天氣好嗎」、「OK Google，請幫我導航到…」之類的對話嗎？

　　現在智慧型手機已經可以隨時待命，協助人們生活中的各種事情。舉例來說，可以透過喚醒直接向它說「123 加 456 等於多少」、「請幫我新增一項備忘錄」、「幫我導航到國家圖書館」、「請說一個笑話給我聽」等等，心情不好時也可以跟它對話，在漆黑的房間中，可以請它幫忙打開手機的手電筒或是幫忙設定鬧鐘，做一些手機的功能設定。其實這些都是人工智慧應用的範疇，則稱它為語音助理。身為語音助理，人們期待它可以為生活帶來更多的方便性，而最常見的語音助理有蘋果的 Siri、Google 助理、小米科技的小愛同學，以及三星的 Bixby 等。對於不同廠商的語音助理，所使用的資料庫不同，在回答問題和解決問題的能力也不同。就像是對不同的人詢問同樣的問題時，會因為不同的知識背景而產生不同的答案。

那人工智慧會越來越進步嗎？答案是肯定的，人工智慧在解決問題的過程中，進行紀錄與分析，透過不同的回應進行學習和校正，強化人工智慧解決問題的能力。就像我們人類在學習一樣，透過學習的過程慢慢的累積經驗，人類就會變得越來越厲害，可以解決更多的問題。除了語音助理之外，常見的人工智慧應用還有影像辨識，例如手機的臉部解鎖、停車場出入口的車牌辨識，甚至是目前很熱門的自駕車，都是廣泛使用影像辨識的技術。

● 圖 2　停車場的影像辨識技術

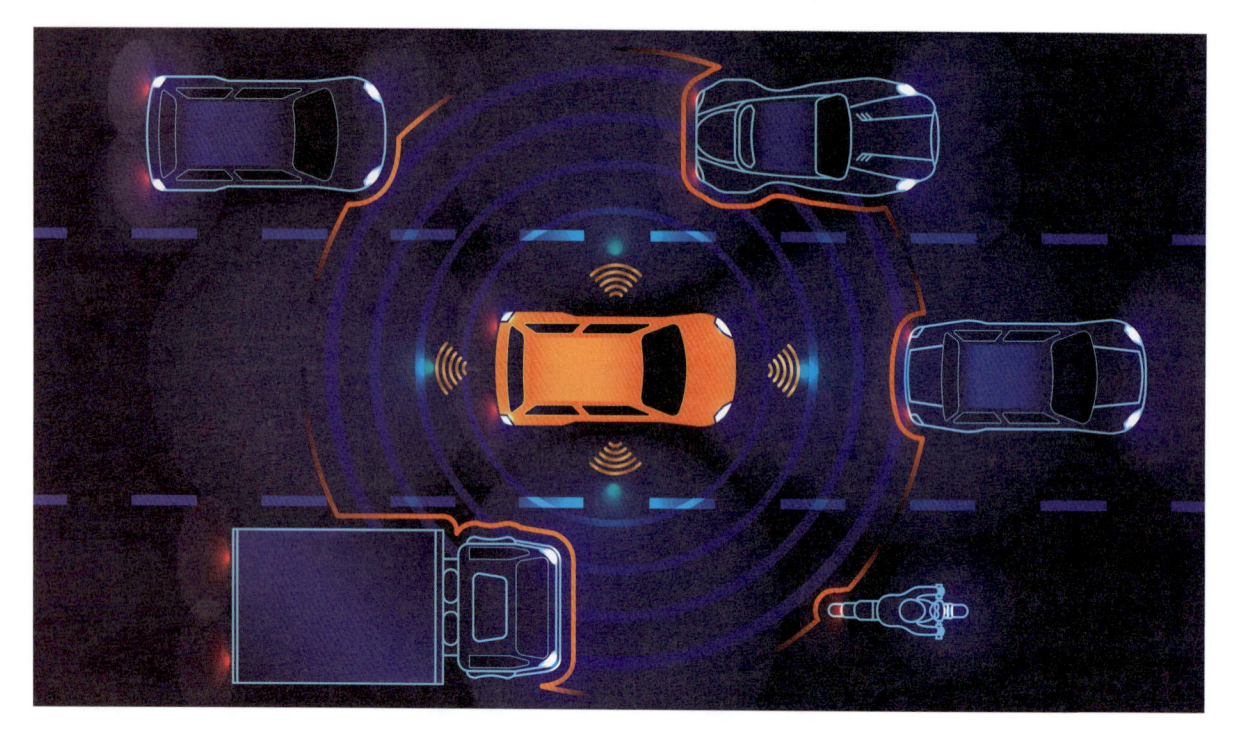

● 圖 3　自駕車的影像辨識技術

2-2 無程式碼機器學習工具 Teachable Machine 介紹與操作

　　Google 在 2017 年發布一個快速又輕鬆就能建立機器學習模型的工具，稱為「Teachable Machine」，不需要進行撰寫程式，就可以透過瀏覽器和鏡頭進行人工智慧的物件訓練，快速建立機器學習的模型。目前 Teachable Machine 除了辨識圖片之外，還有辨識聲音及姿勢的功能，可以輸入圖片或聲音來進行模型訓練，這是如何辦到的呢？讓我們一起來體驗如何讓電腦透過人工智慧的方式學習辨識物件吧！

Teachable Machine 網址如下：
https://teachablemachine.withgoogle.com/train

　　目前進入網站可以看到圖片專案、音訊專案、姿勢專案三種類型，依據想辨識的類型來建立專案。

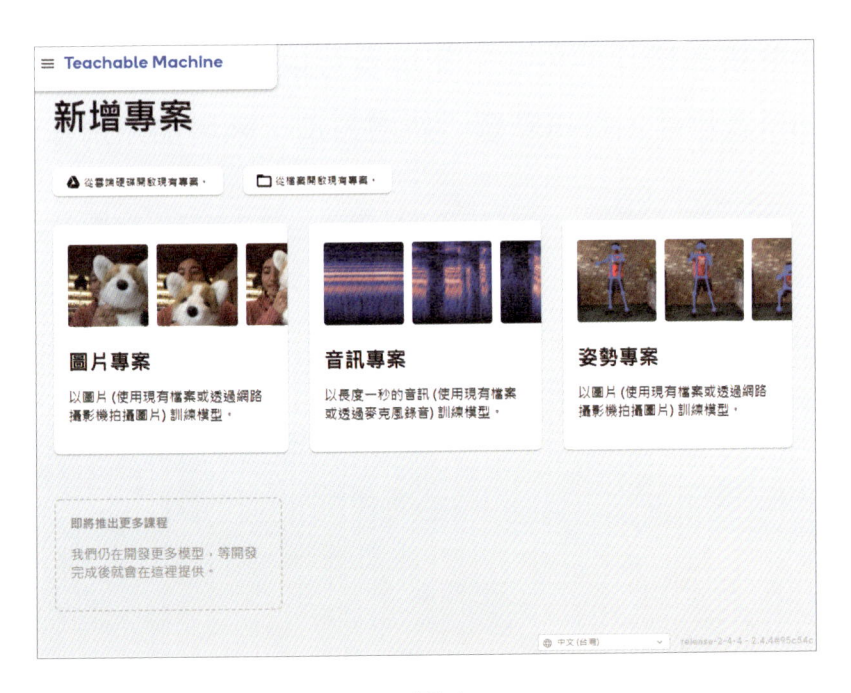

• 圖 4

以圖片專案為例：

STEP 1 點選「圖片專案」後會跳出「新增圖像專案」，可選擇「標準圖像模型」或是「內嵌圖像模型」，大部分使用者使用標準圖像模型即可。

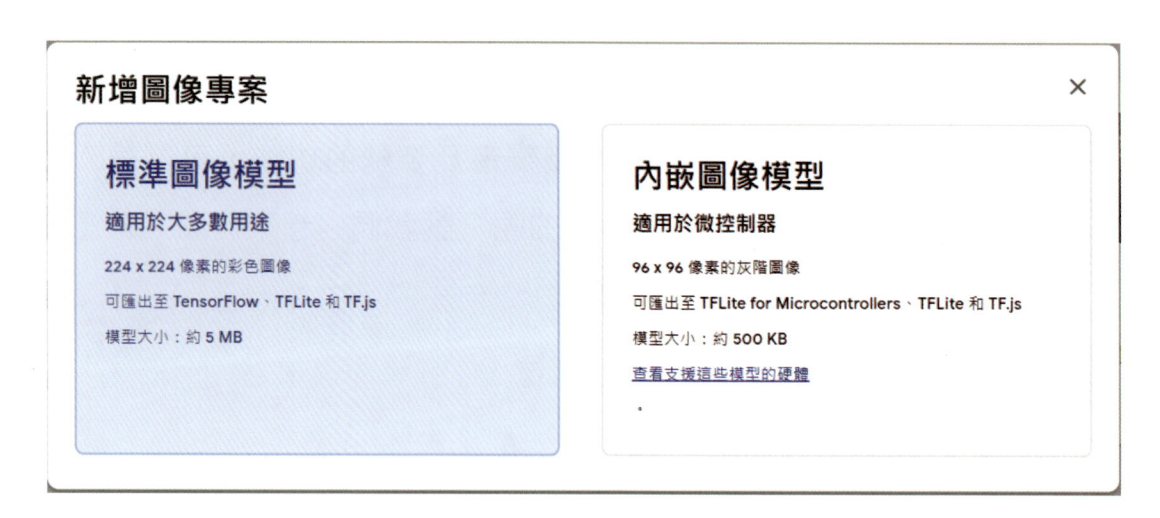

• 圖 5

STEP 2 點選「標準圖像模型」後，會有 Class 1 和 Class 2 兩個類別，主要作為想辨識物件的分類，使用者可以自行更改類別名稱，若需要增加辨識物件，可再點選「新增類別」來增加類別數量。

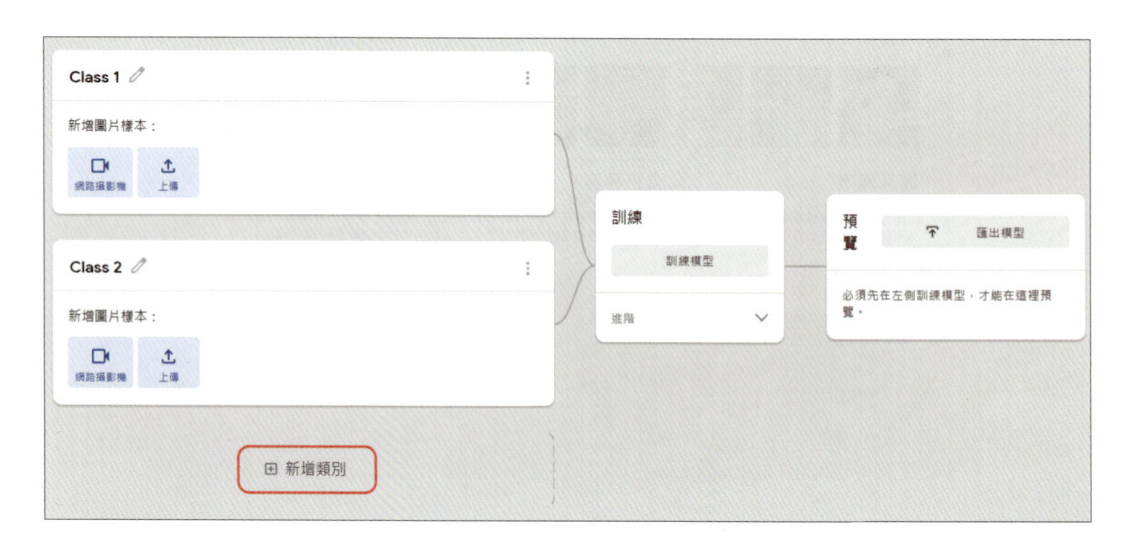

• 圖 6

新增後若需要刪除，則在欲刪除的類別右上角點選 ⋮，就會出現刪除類別的選項，點選「刪除類別」即可刪除此類別。

● 圖 7

STEP 3 接下來的範例我們使用「熊童子」和「卷絹」兩種多肉植物當物件，作為要訓練的模型。

首先，編輯類別名稱，將 Class 1 和 Class 2 更改為「熊童子」和「卷絹」。

● 圖 8

AI 人工智慧概念

STEP 4 接著，新增圖片樣本的部分，可以選擇使用網路攝影機拍照或是直接上傳檔案，若要使用網路攝影機來拍攝熊童子的照片，點選熊童子類別中的「網路攝影機」就可以直接使用鏡頭來拍照，點選「按住即可錄製」按鈕，按一下表示拍一張照片，長按代表連續拍攝，圖片的縮圖會出現在右側框框中。轉動物件的各種角度進行拍攝可以讓模型訓練的更好喔！

• 圖 9

• 圖 10

STEP 5 卷絹的類別也是跟熊童子一樣使用鏡頭拍下各個角度的圖片樣本。將需要辨識的類別圖片樣本都完成拍攝或上傳後，可點選「訓練模型」按鈕，開始訓練。

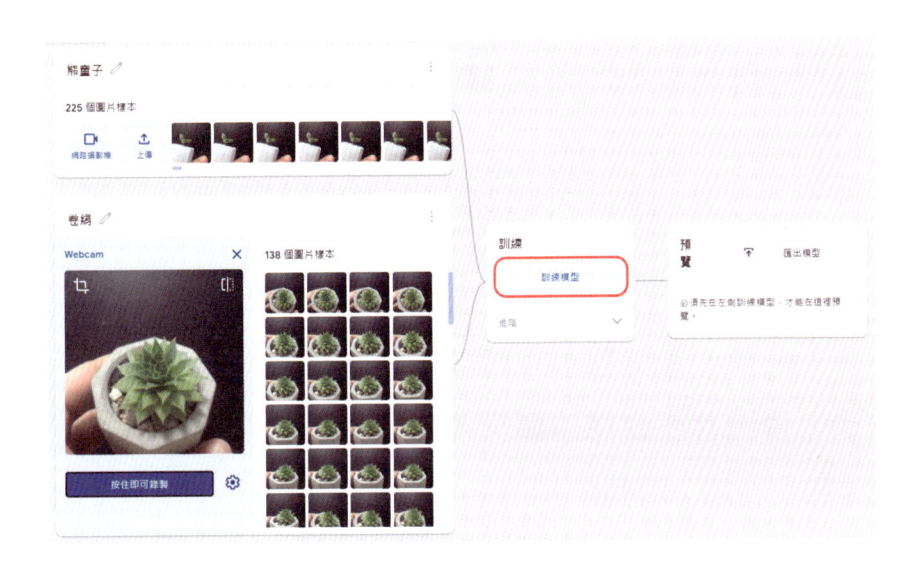

● 圖 11

訓練的過程中，請勿切換分頁或關閉頁面，此頁面要保持開啟的狀態才能訓練模型。

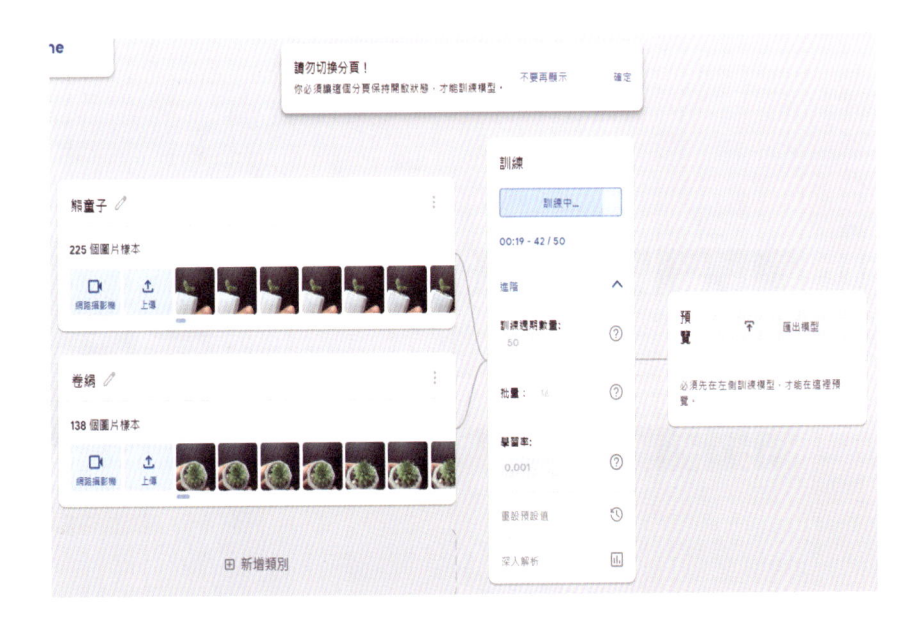

● 圖 12

訓練過程中會顯示當下的訓練進度，完成後會顯示 "模型已訓練完成"。

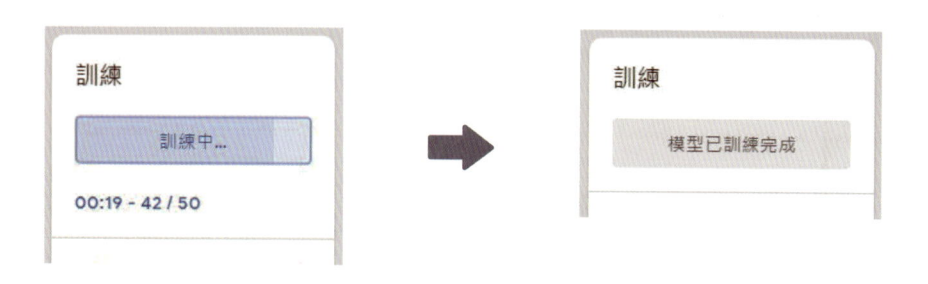

圖 13

STEP 6 訓練完成後，電腦就可以辨識出「熊童子」和「卷絹」兩種類別，透過上傳圖片或使用鏡頭分辨物品屬於的類別，下方有顯示「熊童子」和「卷絹」兩個類別的名字。接下來可以上傳圖片或使用鏡頭，讓電腦進行分辨，當前圖片的相似度百分比。以此範例來說，若鏡頭前出現熊童子，則下方會顯示熊童子相似度為 100%，卷絹相似度為 0%；若鏡頭前出現卷絹，則顯示熊童子相似度為 0%，卷絹相似度為 100%。透過這樣過程，電腦就學會辨識熊童子和卷絹囉！還有什麼想讓電腦學習分辨的嗎？快來試試 Teachable Machine 吧！

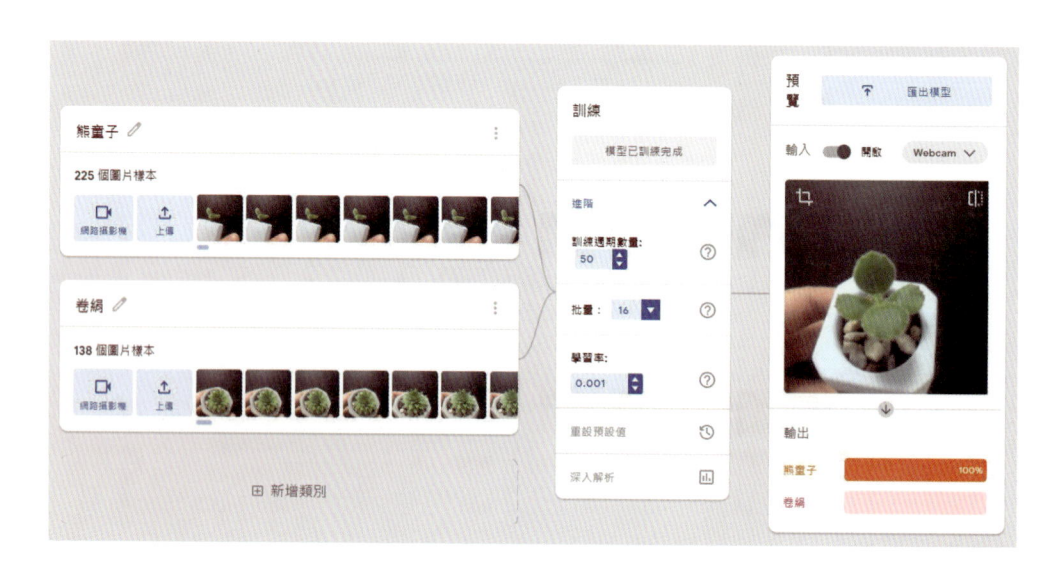

圖 14

Chapter 2　生活中的人工智慧體驗

(a)　　　　　　　　　　　(b)

• 圖 15

遊戲時間

使用 Teachable Machine 的圖片專案，訓練 3 種類別的模型，讓電腦學會辨識 3 種物品。

21

Chapter 3 特徵小偵探：人工智慧桌遊

3-1 人工智慧桌遊簡介
3-2 遊戲物件介紹
3-3 卡牌介紹

學習目標

1. 認識特徵小偵探人工智慧概念桌遊物件。
2. 認識特徵小偵探人工智慧概念桌遊各類牌卡。

3-1 人工智慧桌遊簡介

人工智慧（Artificial Intelligence）相關技術漸漸的影響人們的生活與學習方式，為了讓學童瞭解人工智慧的相關概念，透過遊玩的方式瞭解人工智慧的學習機制與生活中的運用，本桌遊以特徵值為主軸開發「特徵小偵探（Feature Detective）人工智慧概念桌遊」。「特徵小偵探人工智慧概念桌遊」桌遊設置3種玩法，其概念與對應的人工智慧概念如下：

玩法1：知道答案與特徵量（監督式學習）

玩法2：知道答案但不知道特徵量（非監督式學習）

玩法3：不知道答案也不知道特徵量（強化學習）

此桌遊三種玩法主要目標為收集題目的特徵值，只要有人最先收集到5張特徵值，就代表遊戲結束，並依據規則計算積分，最高分者獲勝。

3-2 遊戲物件介紹

首先，先介紹特徵小偵探人工智慧概念桌遊內各個物件的名稱及數量，讓大家先認識，接著詳細介紹各種卡片的功用。

| 物件類 |

棋盤 ×1 個

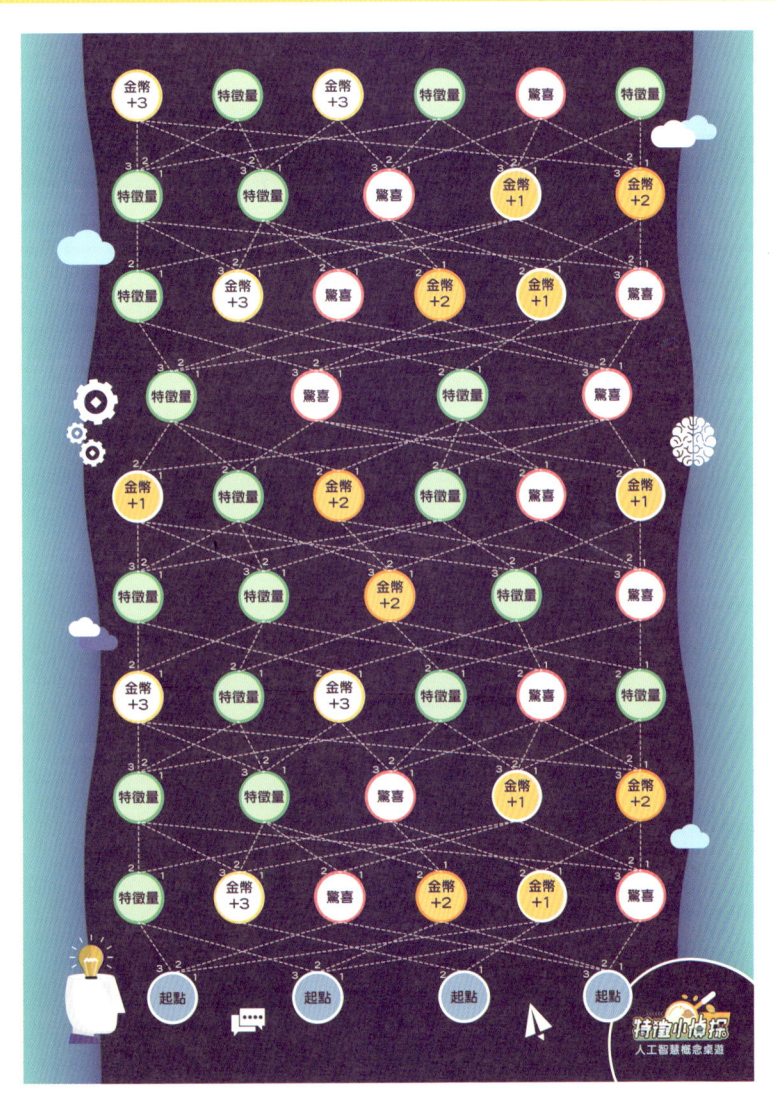

為此款遊戲的主要場景，玩家使用物件在棋盤中進行遊戲。

AI 人工智慧概念

說明書 ×1 份

正面　　　　　　　　　　　　　反面

提供遊戲簡介及玩法說明。

Chapter 3　特徵小偵探：人工智慧桌遊

十面骰子 ×1 個

遊戲流程中所需之骰子。

金幣 ×1 組

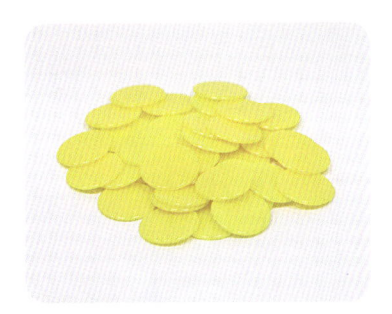

玩家於遊戲中所需之代幣。

圓形底座 ×4 個

搭配角色卡使用，使角色卡可站立於棋盤上。

特徵解答表 ×1 張

正面

題目 \ 特徵	三角形	正方形	長方形	圓形	橢圓形	平行四邊形	眼睛
①貓	2	-	-	4	3	-	2
②狗	2	1	2	-	1	4	2
③牛	2	1	-	-	3	-	2
④魚	6	-	-	-	-	-	1
⑤天鵝	5	1	-	-	-	1	1

反面

題目 \ 特徵	三角形	正方形	長方形	圓形	橢圓形	平行四邊形	眼睛
⑥汽車	2	2	2	2	-	-	-
⑦花	-	-	1	1	8	2	-
⑧房子	1	4	3	-	-	1	-
⑨帆船	5	1	2	-	-	-	-
⑩潛水艇	3	5	3	-	1	-	-

作爲玩家核對答案時使用。

27

AI 人工智慧概念

牌卡類

角色卡 ×4 張

作為代表玩家於棋盤上操作的角色。

題目卡 ×10 張

作為蒐集特徵的目標。

特徵卡 ×48 張

共有 7 種類型特徵。

通道卡 ×30 張

共有 3 種通道卡。

驚喜卡 ×24 張

有 24 張不同內容的驚喜卡。

關主卡 ×2 張

提供玩法 3 中的關主使用。

3-3 卡牌介紹

　　接下來，為大家詳細介紹各卡片的功能。特徵小偵探人工智慧概念桌遊牌卡主要分為下列五種類型：角色卡、題目卡、特徵卡、通道卡、驚喜卡、關主卡，以下就帶大家一起來看看各類型卡片詳細介紹。

3-3.1 角色卡

　　此款桌遊共有 4 張角色卡，4 個角色皆使用現實世界中在人工智慧技術的開發上有重大貢獻的學者名字所命名，卡片中角色的樣貌也是依據真實世界中的人像 Q 版化。玩家們可以任選一個角色卡並搭配圓形底座作為各玩家於棋盤上行走的角色棋子。

● 圖 1　角色棋子

AI 人工智慧概念

正面	背面	簡介
	 約翰‧麥卡錫 John McCarthy 人工智慧之父	【人工智慧之父】 **約翰‧麥卡錫 John McCarthy** 出生於 1927 年 9 月 4 日 美國麻薩諸塞州波士頓，在 1956 年提出「人工智慧 Artificial Intelligence」一詞而被稱為人工智慧之父。
	 傑佛瑞‧辛頓 Geoffrey Hinton 深度學習之父	【深度學習之父】 **傑佛瑞‧辛頓 Geoffrey Hinton** 出生於 1947 年 12 月 6 日 英國倫敦溫布頓，積極推動深度學習，被稱為「深度學習之父」。
	 弗蘭克‧羅森布拉特 Frank Rosenblatt 發明感知器	【發明感知器】 **弗蘭克‧羅森布拉特 Frank Rosenblatt** 出生於 1928 年 7 月 11 日 美國紐約州紐約， 1957 年於康奈爾航空實驗室時發明感知器，是一種模仿人類思維的神經網路，感知器是第一台可以通過反復試驗學習新技能的計算機。
	 艾倫‧麥席森‧圖靈 Alan Mathison Turing 計算機科學與人工智慧之父	【計算機科學與人工智慧之父】 **艾倫‧麥席森‧圖靈 Alan Mathison Turing** 出生於 1912 年 6 月 23 日 英國倫敦西敏市，是一位計算機科學家、數學家、邏輯學家、密碼分析學家和理論生物學家，被稱為計算機科學與人工智慧之父。

Chapter 3　特徵小偵探：人工智慧桌遊

遊戲時間

請將角色卡的人物名稱與對應的稱號連起來。

| 約翰·麥卡錫 | 傑佛瑞·辛頓 | 弗蘭克·羅森布拉特 | 艾倫·麥席森·圖靈 |

●　　　　　●　　　　　●　　　　　●

●　　　　　●　　　　　●　　　　　●

人工智慧之父　　深度學習之父　　發明感知器　　計算機科學與人工智慧之父

31

3-3.2 特徵卡

　　特徵卡是本款遊戲中的重要特色，機器學習時可以透過設定某些條件作為特徵值進行判斷，再匯入大量的資料進行學習，若設定的條件夠精準，可以使機器學習在判斷上更快速更準確。在此款桌遊中為了體驗機器學習的特徵值概念，我們使用「三角形、正方形、長方形、圓形、橢圓形、平行四邊形、眼睛」共 7 種形狀作為特徵值，並搭配由特徵卡內的形狀組合而成的圖案作為題目卡，其中每個特徵卡中有不同的金幣數量，則表示收集特徵值時需要花費的金幣多寡，這也表示了在機器學習時對於不同特徵也有著不同的的重要性。

正面

背面

三角形	橢圓形	正方形
長方形	眼睛	圓形

平行四邊形

遊戲時間

請計算下列 6 張題目卡中各特徵的數量,並填寫至表格中。

序號\特徵題目		三角形	正方形	長方形	圓形	橢圓形	平行四邊形	眼睛
1	汽車							
2	狗							
3	牛							
4	潛水艇							
5	房子							
6	帆船							

3-3.3 題目卡與特徵解答表

　　特徵小偵探人工智慧概念桌遊題目卡共有 10 張，因模擬電腦依據特徵進行識別的概念，我們設定「三角形、正方形、長方形、圓形、橢圓形、平行四邊形、眼睛」7 種形狀作為特徵，題目卡的內容皆由上述 7 種特徵中使用不同數量的特徵組合而成，需要收集各個題目卡中含有的特徵數量進行遊戲，收集超過數量則不算分喔！

正面

AI 人工智慧概念

背面

36 人工智慧概念

Chapter 3 　特徵小偵探：人工智慧桌遊

　　以貓咪的題目卡為例，貓咪的特徵中有三角形 2 個、圓形 4 個、橢圓形 3 個、眼睛 2 個；玩家若收集收集 3 個三角形特徵，因為貓咪特徵中三角形數量只有 2 個，所以 2 個三角形有算分，而第 3 個三角形則不納入計分。

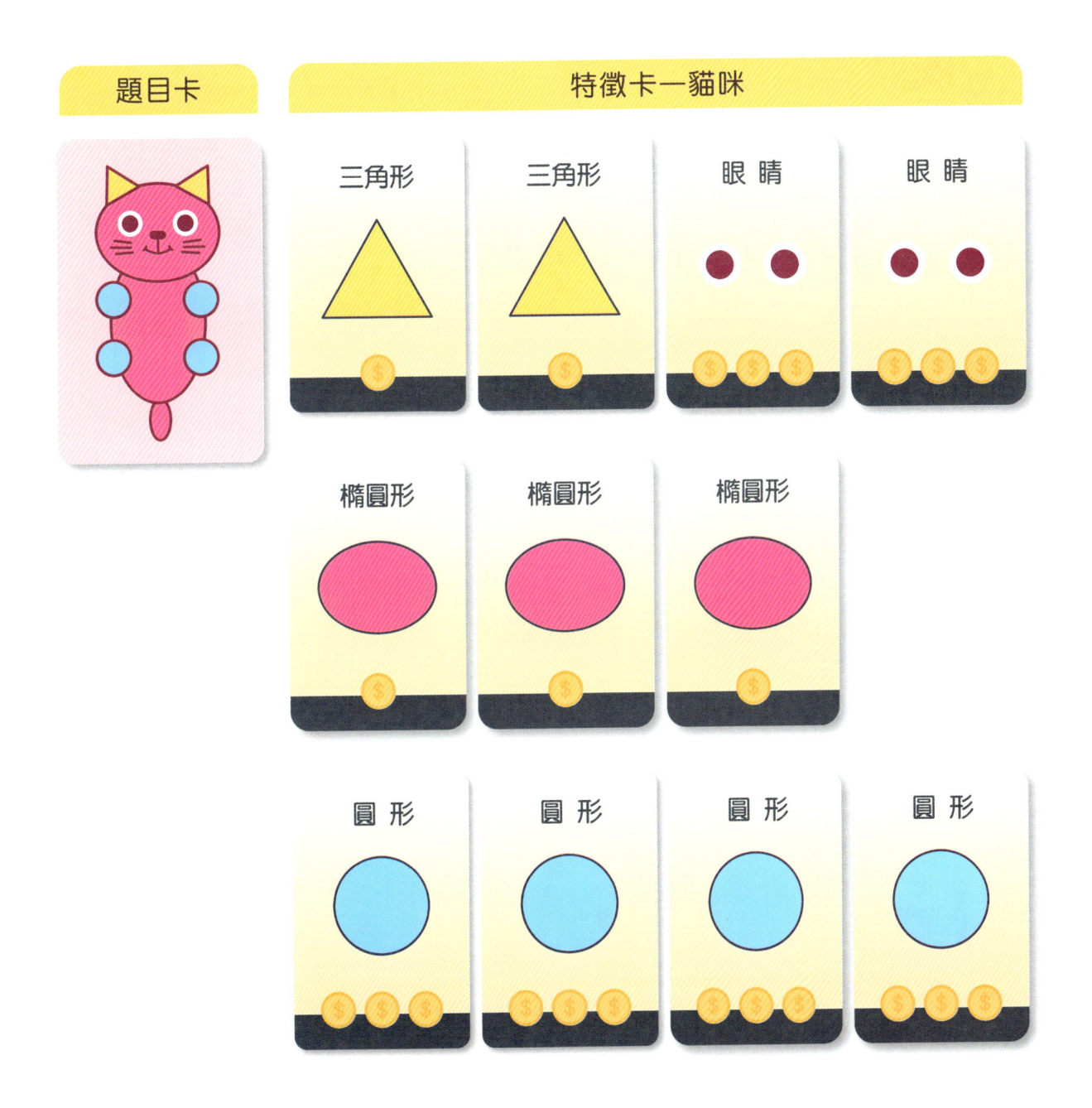

| 題目卡 | 特徵卡－貓咪 |

三角形　　三角形　　眼睛　　眼睛

橢圓形　　橢圓形　　橢圓形

圓形　　圓形　　圓形　　圓形

37

AI 人工智慧概念

每個題目卡中的特徵數量不同,所以提供特徵解答表讓玩家可以自行核對各個題目的特徵類型及數量。

特徵解答表

正面

題目＼特徵	三角形	正方形	長方形	圓形	橢圓形	平行四邊形	眼睛
①貓	2	-	-	4	3	-	2
②狗	2	1	2	-	1	4	2
③牛	2	1	-	-	3	-	2
④魚	6	-	-	-	-	-	1
⑤天鵝	5	1	-	-	-	1	1

反面

題目＼特徵	三角形	正方形	長方形	圓形	橢圓形	平行四邊形	眼睛
⑥汽車	2	2	2	2	-	-	-
⑦花	-	-	1	1	8	2	-
⑧房子	1	4	3	-	-	1	-
⑨帆船	5	1	2	-	-	-	-
⑩潛水艇	3	5	3	-	1	-	-

遊戲時間

請使用特徵卡中的 7 種特徵圖案,透過不同特徵數量發揮創意組合畫出一種動物或物品(可參考答案卡,不可與答案卡相同)。

3-3.4 通道卡

特徵小偵探人工智慧概念桌遊以棋盤方式進行遊戲，棋盤中每個位置都有 2~3 條虛線標示前往下一格的路線，且虛線上面有標示 1~3 的數字，標示的數字代表需要使用相對應的通道卡以及金幣數量才可行走。

正面

背面

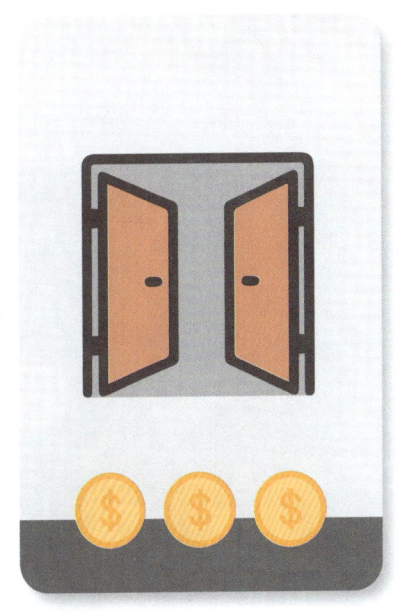

AI 人工智慧概念

舉例來說，若玩家站在起點 A 想要走到 B 金幣 +2 的位置，則需要付出一張通道卡 2 和 2 個金幣才可以移動到 B，如果金幣不足或沒有符合的通道卡就不可以移動。這個機制主要將人類神經傳導的概念融入到其中，神經傳導時需要超過一定數值以上的刺激才能激發神經傳導動作，若低於此數值則沒有引發傳導，此數值就稱為閥值。

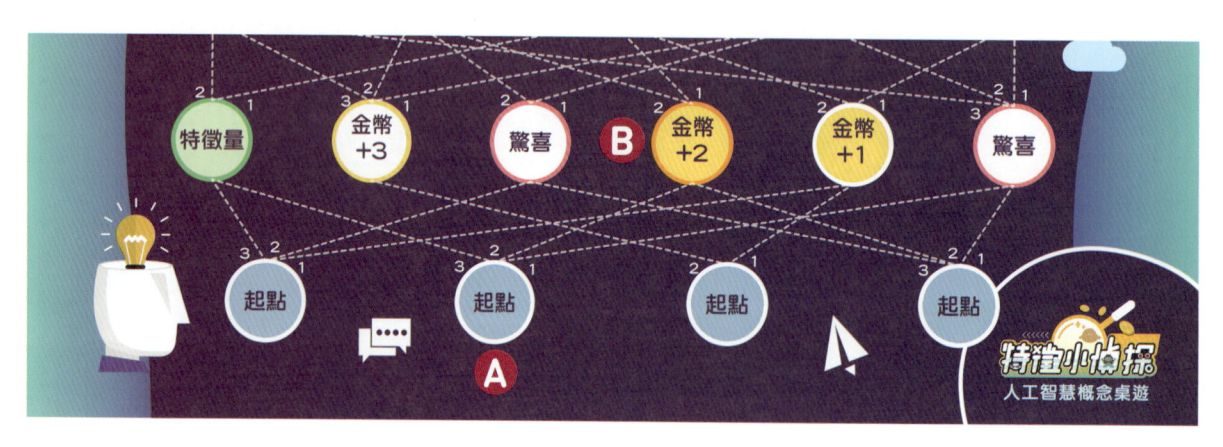

• 圖 2

遊戲時間

請問若想從下圖中的 A 點移動到 B 點，玩家需要付出哪些卡片及幾個金幣呢？

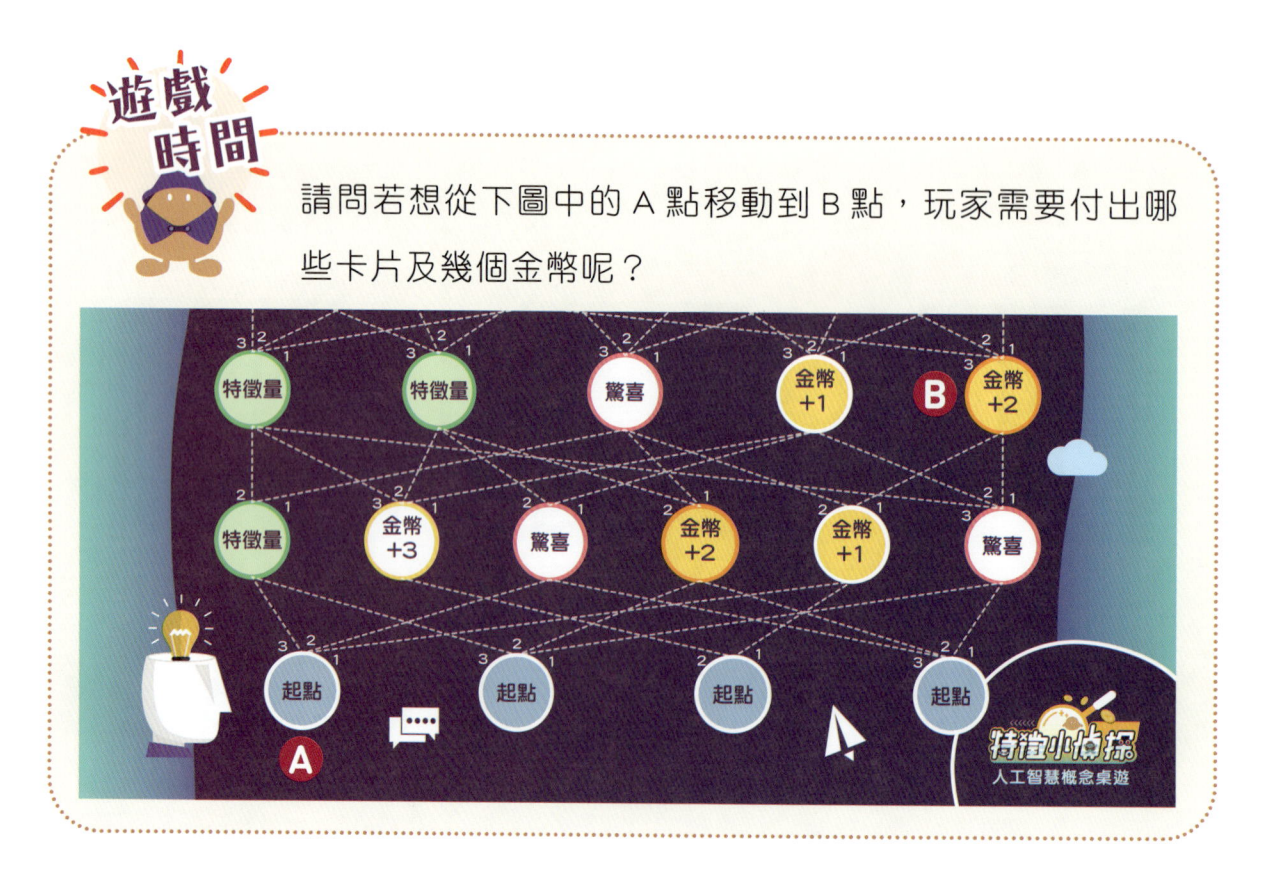

3-3.5 驚喜卡

驚喜卡為此桌遊中增添玩家互動機會及樂趣的卡片，其中蘊含一些平時與人工智慧常見的互動模式，例如：詢問天氣、讀繞口令。另外使用動物的剪影讓玩家猜猜看是何種動物，可以讓玩家思考人類如何判斷動物外觀，如果換成電腦的話又該如何判斷呢？

正面

背面

丟棄一個特徵卡	失去一個金幣	丟棄一張通道卡	獲得一張特徵卡

| 獲得一個金幣 | 獲得一張通道卡 | 請指定一位玩家，向他詢問「外面風大嗎？」依據指定玩家回答執行動作：
• 大（當回合玩家獲得1個金幣）
• 小（當回合玩家從牌堆中抽取一張特徵卡）
• 不知道或其他（當回合玩家抽取指定玩家手牌一張） | 請指定一位玩家，向他詢問「外面風大嗎？」，依據指定玩家回答執行動作：
• 大（當回合玩家從牌堆中抽取一張特徵卡）
• 小（當回合玩家獲得1個金幣）
• 不知道或其他（當回合玩家抽取指定玩家手牌一張） |

| 請指定一位玩家，向他說「請講一段繞口令」，請念出：「端湯上塔，塔滑湯灑，湯燙塔。」
• 完成繞口令（當回合玩家從牌堆中抽取一張特徵卡）
• 繞口令失敗（當回合玩家獲得1個金幣） | 請指定一位玩家，向他說「請講一段繞口令」，請念出：「吃葡萄不吐葡萄皮，不吃葡萄倒吐葡萄皮。」
• 完成繞口令（當回合玩家從牌堆中抽取一張特徵卡）
• 繞口令失敗（當回合玩家獲得1個金幣） | 請指定一位玩家，向他說「請講一段繞口令」，指定玩家請念出：「門外有四十四隻獅子，不知是四十四隻死獅子，還是四十四隻石獅子。」
• 完成繞口令（當回合玩家從牌堆中抽取一張特徵卡）
• 繞口令失敗（當回合玩家獲得1個金幣） | 請指定一位玩家，向他說「請講一段繞口令」，指定玩家請念出：「蔣家羊，楊家牆，蔣家羊撞倒了楊家牆，楊家牆壓死了蔣家羊，楊家要蔣家賠牆，蔣家要楊家賠羊。」
• 完成繞口令（當回合玩家從牌堆中抽取一張特徵卡）
• 繞口令失敗（當回合玩家獲得1個金幣） |

背面

第一排：

熊
請指定一位玩家,將下方答案用手遮起來後,詢問此圖像是什麼動物?
- 回答正確(當回合玩家獲得1個金幣)
- 回答錯誤(當回合玩家拿取指定玩家1個金幣)

答案：熊

馬
請指定一位玩家,將下方答案用手遮起來後,詢問此圖像是什麼動物?
- 回答正確(當回合玩家獲得1個金幣)
- 回答錯誤(當回合玩家拿取指定玩家1個金幣)

答案：馬

獅子
請指定一位玩家,將下方答案用手遮起來後,詢問此圖像是什麼動物?
- 回答正確(當回合玩家獲得1個金幣)
- 回答錯誤(當回合玩家拿取指定玩家1個金幣)

答案：獅子

鹿
請指定一位玩家,將下方答案用手遮起來後,詢問此圖像是什麼動物?
- 回答正確(當回合玩家獲得1個金幣)
- 回答錯誤(當回合玩家拿取指定玩家1個金幣)

答案：鹿

第二排：

松鼠
請指定一位玩家,將下方答案用手遮起來後,詢問此圖像是什麼動物?
- 回答正確(當回合玩家獲得1個金幣)
- 回答錯誤(當回合玩家拿取指定玩家1個金幣)

答案：松鼠

豬
請指定一位玩家,將下方答案用手遮起來後,詢問此圖像是什麼動物?
- 回答正確(當回合玩家獲得1個金幣)
- 回答錯誤(當回合玩家拿取指定玩家1個金幣)

答案：豬

熊
請指定一位玩家,將下方答案用手遮起來後,詢問此圖像是什麼動物?
- 回答正確(當回合玩家從牌堆中抽取一張特徵卡)
- 回答錯誤(當回合玩家抽取指定玩家手牌一張)

答案：熊

馬
請指定一位玩家,將下方答案用手遮起來後,詢問此圖像是什麼動物?
- 回答正確(當回合玩家從牌堆中抽取一張特徵卡)
- 回答錯誤(當回合玩家抽取指定玩家手牌一張)

答案：馬

第三排：

獅子
請指定一位玩家,將下方答案用手遮起來後,詢問此圖像是什麼動物?
- 回答正確(當回合玩家從牌堆中抽取一張特徵卡)
- 回答錯誤(當回合玩家抽取指定玩家手牌一張)

答案：獅子

鹿
請指定一位玩家,將下方答案用手遮起來後,詢問此圖像是什麼動物?
- 回答正確(當回合玩家從牌堆中抽取一張特徵卡)
- 回答錯誤(當回合玩家抽取指定玩家手牌一張)

答案：鹿

松鼠
請指定一位玩家,將下方答案用手遮起來後,詢問此圖像是什麼動物?
- 回答正確(當回合玩家從牌堆中抽取一張特徵卡)
- 回答錯誤(當回合玩家抽取指定玩家手牌一張)

答案：松鼠

豬
請指定一位玩家,將下方答案用手遮起來後,詢問此圖像是什麼動物?
- 回答正確(當回合玩家從牌堆中抽取一張特徵卡)
- 回答錯誤(當回合玩家抽取指定玩家手牌一張)

答案：豬

AI 人工智慧概念

3-3.6　關主卡

　　特徵小偵探人工智慧概念桌遊中的關主卡只有在玩法 3 才會使用到，因玩法 3 中玩家抽取題目卡時，是不可觀看自己的題目卡，所以當玩家購買特徵卡時要由關主查看該玩家的題目卡與所購買的特徵是否相符，若相符則拿關主卡中的「O」給玩家看一下再收回關主卡；若不相符則拿關主卡中的「X」給該玩家看一下再收回關主卡。主要可以讓玩家體驗機器學習時若沒有事先給予答案，而是透過大量數據學習之後而產生答案的過程。

正面	背面

44

Chapter 3　特徵小偵探：人工智慧桌遊

遊戲時間

請依據各題目的特徵與相符的答案連起來。
（請注意同一組特徵可能有符合 2 個題目卡，請多次比對，使每個特徵組合都可以連接到符合的題目卡喔！）

題目卡	特徵
花	正方形　橢圓形　三角形
牛	三角形　眼睛　平行四邊形
鴨	圓形　平行四邊形　橢圓形
車	正方形　三角形　平行四邊形
房子	圓形　正方形　三角形

Chapter 4 特徵小偵探：監督式學習

4-1 監督式學習概念

4-2 特徵小偵探人工智慧概念桌遊玩法 1 介紹

學習目標

1. 認識機器學習中的監督式學習概念。
2. 認識特徵小偵探人工智慧概念桌遊玩法 1 及練習。

4-1 監督式學習概念

　　監督式學習為機器學習中的其中一種方式，其方式是將資料匯入電腦進行訓練時，會告知電腦正確答案，例如要訓練電腦分辨貓咪和狗時，匯入有標示1000張貓咪的照片及1000張標示為小狗的照片進行訓練後，再拿一張新的照片詢問電腦這是貓咪還是小狗，因為匯入資料時有特別標示出貓咪和小狗，所以機器在學習時是有特定答案再進行學習，根據標示出的標籤，再進行分析找出相同標籤當中的共同特徵。

　　以貓咪為例來說，貓咪的特徵可能為臉部較圓、眼睛比例大、體型較小、尾巴長度等。而小狗的特徵可能為鼻子較長、嘴巴較大、體型也較大、尾巴較粗等。監督式學習事前需要大量的人工作業對資料特徵進行標籤，在依據不同演算法進行學習，雖然使用監督式學習初期判斷能力較好，但當問題複雜度越高或範圍越大的時候，標記出所有特徵的工作會變得非常困難，且在應用上無法對未知領域進行預測。

● 圖1

● 圖2

Chapter 4　特徵小偵探：監督式學習

　　接下來大家一起來想想看，如果今天要讓電腦分辨圖片是否為汽車，有哪些特徵可以做為識別標籤呢？例如：輪子、方向盤、後照鏡、座椅、大燈、雨刷、擋風玻璃、車窗、後視鏡、車門、車牌等，都可以作為特徵標籤喔！

遊戲時間

如果要電腦學習分辨腳踏車和機車，可以輸入電腦的特徵有哪些呢？請寫出腳踏車與機車各 5 種特徵。

4-2 特徵小偵探人工智慧概念桌遊玩法 1 介紹

特徵小偵探人工智慧概念桌遊的玩法 1 就是使用監督式學習的概念，牌卡中的特徵解答表就是給予玩家答案，所以當玩家抽完題目卡時，可以觀看特徵解答表明確的知道各個題目正確的特徵數量。就如同機器學習中的**監督式學習**，將已經有標示的資料匯入電腦中，透過標示讓電腦知道資料的相關性，就像是學生在學習時，老師直接給予答案一樣。玩家需要在棋盤中移動並運用手中的牌卡看誰先達成目標，也就是有玩家先蒐集到 5 個特徵值時，遊戲結束並計算每人分數，最高分者獲勝。

特徵解答表

題目＼特徵	三角形	正方形	長方形	圓形	橢圓形	平行四邊形	眼睛
①貓	2	-	-	4	3	-	2
②狗	2	1	2	-	1	4	2
③牛	2	1	-	-	3	-	2
④魚	6	-	-	-	-	-	1
⑤天鵝	5	1	-	-	-	1	1

● 圖 3

特徵解答表

題目＼特徵	三角形	正方形	長方形	圓形	橢圓形	平行四邊形	眼睛
⑥汽車	2	2	2	2	-	-	-
⑦花	-	-	1	1	8	2	-
⑧房子	1	4	3	-	-	1	-
⑨帆船	5	1	2	-	-	-	-
⑩潛水艇	3	5	3	-	1	-	-

● 圖 4

Chapter 4　特徵小偵探：監督式學習

遊戲準備

將**棋盤**、**題目卡**、**通道卡**、**特徵卡**、**驚喜卡**、**角色卡**、**特徵解答表**、**金幣**、**骰子**、**圓形底座**拿出放置桌面。

每位玩家各拿一個**角色卡**，與圓形底座進行組裝，組裝完成後放置棋盤的**起點**位置，各玩家的起點位置不可相同。

每位玩家拿取 2 個金幣、2 張通道卡。

● 圖 5

● 圖 6

AI 人工智慧概念

● 圖 7

52

遊戲流程

1. 首先每個玩家骰一次骰子，1~10 中骰出的數字對應至特徵解答表上的數字作為該玩家的題目，玩家找出對應的題目卡，若有人重複則重新骰一次。

2. **特徵解答表中「三角形、正方形、長方形、圓形、橢圓形、平行四邊形、眼睛」為題目的特徵**，表格內的數字則代表該題目中有此特徵的數量。玩家各自依照骰到的序號作為題目，收集下列表格該題目的特徵。

3. 接下來依據骰出的數字大小，由小而大輪流進行回合動作。

每回合執行動作

1. 拿 2 個金幣，2 張通道卡。

2. **通道**：可透過棋盤上的虛線移動至下一格，若要移動位置需要消耗 1 張與虛線號碼一致的通道卡，並支付通道卡上所標示的金幣數量，進行移動。

3. **特徵量**：若移動到「特徵」的位置上，則可抽取 1 張特徵卡。每回合可選擇是否要購買手牌中的特徵。

    YES：若要購買則支付特徵卡上所標示的金幣數量，並將購買的特徵卡放置我方的桌面上，已購買的特徵不可丟棄或更換。

    NO ：若不購買特徵，則可保留在手中，可於之後的回合購買或丟棄。

4. **驚喜**：若移動到驚喜的位置上，則可抽取驚喜卡，執行驚喜卡內容。

5. **棄牌**：手中的牌不可超過 5 張，超過的需要丟入棄牌堆中。

| 獲勝條件 |

若有人已購買 5 張特徵卡，則為最後一局，每個人執行玩自己的回合後，則遊戲結束，並計算分數，最高分者獲勝。

計分方式：

購買的**特徵與特徵解答表內相符的一張 5 分**，手中若有剩餘的**金幣一個 1 分**。

請 2~4 人一組，依據玩法 1 的說明開始進行練習，遊戲時間約 20 分鐘。

Chapter 5 特徵小偵探：非監督式學習

5-1 非監督式學習概念

5-2 特徵小偵探人工智慧概念桌遊玩法 2 介紹

學習目標

1. 認識機器學習中的非監督式學習概念。
2. 認識特徵小偵探人工智慧概念桌遊玩法 2 及練習。

5-1 非監督式學習概念

機器學習中的非監督式學習,是將資料匯入電腦進行訓練時,不告知電腦正確答案,而是讓電腦自行透過輸入的資料進行分類或分群,將資料分析及學習找出資料之間的關聯性。

就像是購買蘋果的時候,眼前有 15 顆蘋果,其中有 10 顆外觀正常沒有破損或黑色斑點,另外 5 顆外觀有凹陷、黑色斑點,如果沒有人教你分辨蘋果外觀哪些是壞掉的、哪些是正常的,在挑選的時候,可以透過觀察,先將蘋果分成兩類,一類是外觀完整的,另一類是外觀有缺陷的,也就是說,把 10 顆蘋果歸類為好的,另外 5 顆歸類為壞掉的,電腦這就是這樣透過資料之間的關聯性,進行分類的概念喔!

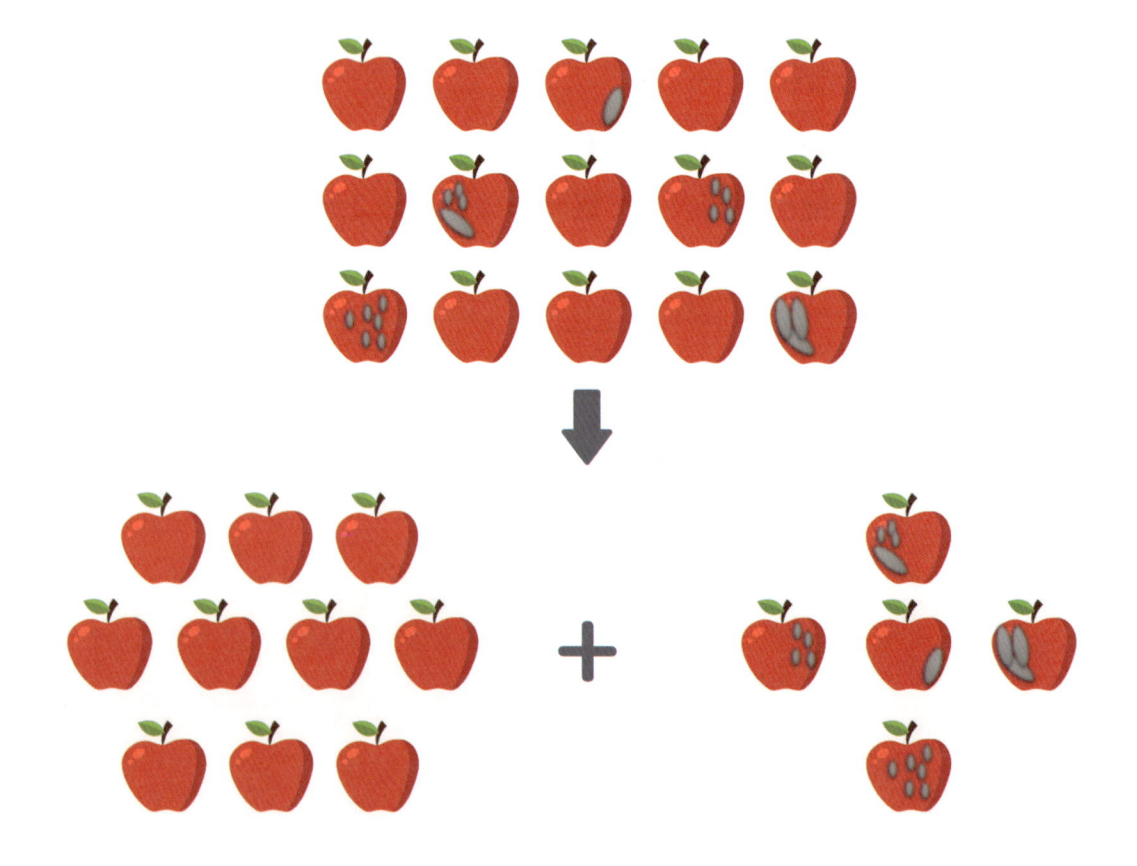

● 圖 1

Chapter 5　特徵小偵探：非監督式學習

　　特徵小偵探人工智慧概念桌遊的玩法 2 就是使用非監督式學習的概念，此玩法玩家不可查看特徵解答表，當玩家抽完題目卡時，透過觀察自己的題目卡，自行判斷特徵及特徵數量。

題目＼特徵	三角形	正方形	長方形	圓形	橢圓形	平行四邊形	眼睛
①貓	2	-	-	4	3	-	2
②狗	2	1	2	-	1	4	2
③牛	2	1	-	-	3	-	2
④魚	6	-	-	-	-	-	1
⑤天鵝	5	1	-	-	-	1	1

● 圖 2

遊戲時間

將下方 20 顆草莓的照片輸入電腦，使用非監督式學習的方式，不給電腦標籤，電腦經過學習後，若這 20 顆草莓被分為三類，請畫出草莓被分為哪三類。

57

5-2 特徵小偵探人工智慧概念桌遊玩法 2 介紹

特徵小偵探人工智慧概念桌遊玩法 2 玩家知道自己抽到的題目，但是不可以觀看特徵解答表來知道特徵量有哪些。就如同機器學習中的非監督式學習，需要自己找出特徵及特徵數量。玩家需要在棋盤中移動並運用手中的牌卡看誰先達成目標，有玩家先蒐集到五個特徵值時，遊戲結束並計算每人分數，最高分者獲勝。

遊戲準備

將**棋盤**、**題目卡**、**通道卡**、**特徵卡**、**驚喜卡**、**角色卡**、**金幣**、**圓形底座**拿出放置桌面。

每位玩家各拿一個**角色卡**，與圓形底座進行組裝，組裝完成後放置棋盤的**起點**位置，各玩家的起點位置不可相同。

每位玩家拿取 2 **個金幣**、2 **張通道卡**。

Chapter 5　特徵小偵探：非監督式學習

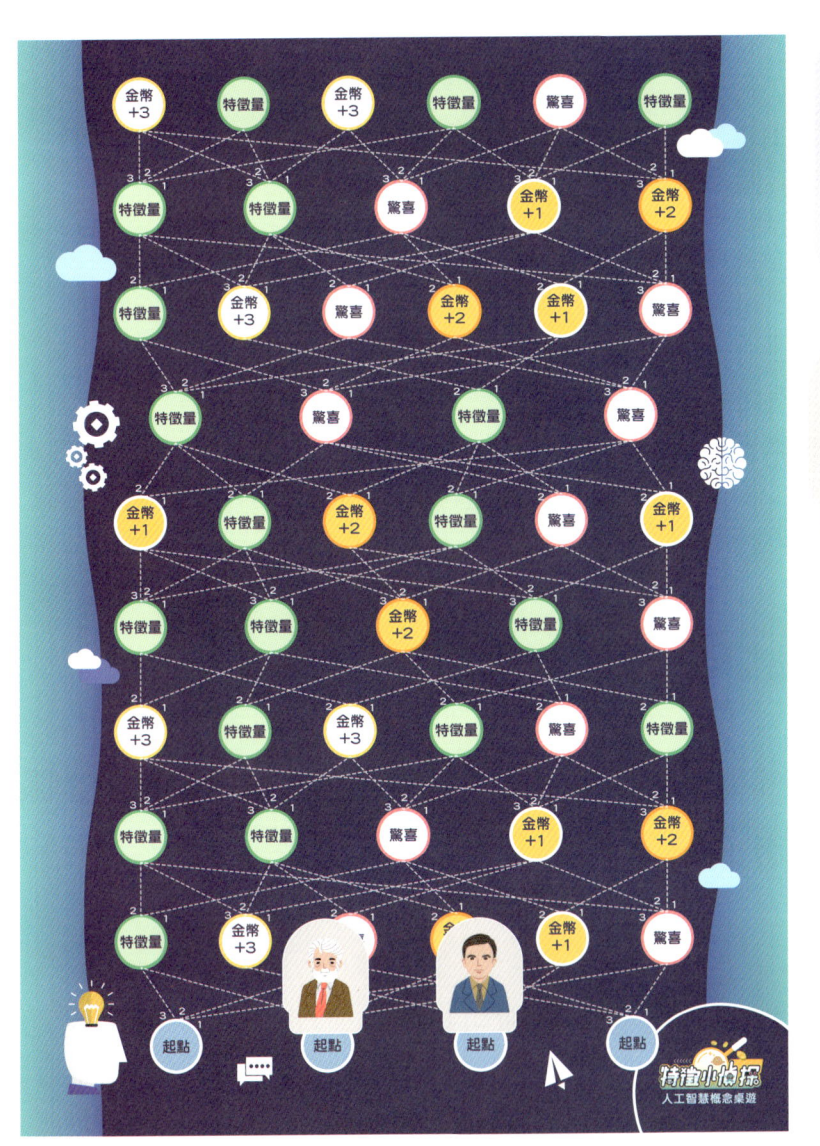

● 圖 3

遊戲流程

1. 每位玩家抽取一張題目卡,不可被其他玩家看到。

2. 玩家依據抽到的題目卡,觀察題目卡內容並收集觀察到的特徵。

3. 玩家以猜拳決定輪流順序,贏的玩家先執行,依序輪流進行回合動作。

4. **此玩法玩家不可以觀看特徵解答表。**

每回合執行動作

1. **拿 2 個金幣,2 張通道卡。**

2. **通道**:可透過棋盤上的虛線移動至下一格,若要移動位置需要消耗 **1 張與虛線號碼一致的通道卡,並支付通道卡上所標示的金幣數量**,進行移動。

3. **特徵量**:若移動到「特徵」的位置上,則可抽取 1 張特徵卡。每回合可選擇是否要購買手牌中的特徵。

    YES:若要購買則支付特徵卡上所標示的金幣數量,並將購買的特徵卡放置我方的桌面上,已購買的特徵不可丟棄或更換。

    NO :若不購買特徵,則可保留在手中,可於之後的回合購買或丟棄。

4. **驚喜**:若移動到驚喜的位置上,則可抽取驚喜卡,執行驚喜卡內容。

5. **棄牌**:手中的牌不可超過 5 張,超過的需要丟入棄牌堆中。

獲勝條件

若有人已**購買 5 張特徵卡**，則為最後一局，每個人執行玩自己的回合後，則遊戲結束，並計算分數，最高分者獲勝。

計分方式：
購買的**特徵與特徵解答表內相符的一張 5 分**，手中若有剩餘的**金幣一個 1 分**。

請 2~4 人一組，依據玩法 2 的說明開始進行練習，遊戲時間約 20 分鐘。

Chapter 6 特徵小偵探：強化學習

6-1 強化學習概念

6-2 特徵小偵探人工智慧概念桌遊玩法 3 介紹

學習目標

1. 認識機器學習中的強化學習概念。
2. 認識特徵小偵探人工智慧概念桌遊玩法 3 及練習。

6-1 強化學習概念

機器學習中還有一種方式稱為強化學習，強化學習主要透過與環境的互動後，得到正面或負面回饋，並依據回饋進行調整，使結果可以越來越好的方式來進行學習。

就像是我們在玩的猜數字遊戲，有一組 4 個數字組成的題目，由 0、1、2、3、4、5、6、7、8、9 組成，玩家需要透過輸入數字後得到的回應，來猜出題目是由哪 4 個數字組成。玩家每次可以輸入 4 個數字，輸入後會得到幾 A 幾 B 的回應，A 表示數字正確且位置也正確，B 表示數字正確但是位置不正確。例如題目為 2359，若玩家輸入 1234 則會得到 0A2B，輸入 5678 則會得到 0A1B 的回應，玩家可根據得到的回應作為經驗，並分析來找出正確的答案。

次數	題目	玩家輸入	回應	備註
1	2359	1234	0A2B	1~4 中有二個數字猜中
2	2359	5678	0A1B	5~8 中有一個數字猜中
3	2359	9012	0A2B	因為 1~8 已經有三個數字 所以 90 有其中只有一個是對的 但有 2B 表示 12 中也有一個數字對了
4	2359	1459	2A0B	有二個數字跟位置都正確
5	2359	1460	0A0B	1460 沒有數字猜中，表示上面 1459 的 59 是對的且位置正確
6	2359	2359	4A0B	因為 1~4 中有中二個數字，除去 1、4 剩下 2、3

特徵小偵探人工智慧概念桌遊的玩法 3 就是使用強化學習的概念，透過非玩家的第三人作為關主，由關主給予正面或負面回饋，刺激玩家思考答案方向，讓玩家模擬機器學習時與環境互動的概念。

● 圖 1

遊戲時間

兩人一組，進行猜數字遊戲，猜拳贏的一方先作為出題者，另一方作為猜題者。

出題者寫下 0~9 中的 4 位數字做為題目，不可讓猜題者看到。

猜題者一次寫出 4 個數字，給予出題者查看。

出題者依據題目，核對猜題者的數字，如果數字正確且位置也正確則算為 A，數字正確但是位置不正確則算為 B，最後給予猜題者幾 A 幾 B 的回應，例如 1A1B。

猜題者依據得到的回應，繼續猜數字，直到猜中題目為止，再交換身分，看誰猜的次數最少。

次數	猜數字	回應
1		A B
2		A B
3		A B
4		A B
5		A B
6		A B
7		A B
8		A B
9		A B
10		A B
11		A B
12		A B
13		A B
14		A B
15		A B

次數	猜數字	回應
1		A B
2		A B
3		A B
4		A B
5		A B
6		A B
7		A B
8		A B
9		A B
10		A B
11		A B
12		A B
13		A B
14		A B
15		A B

Chapter 6　特徵小偵探：強化學習

6-2 特徵小偵探人工智慧概念桌遊玩法 3 介紹

　　特徵小偵探人工智慧概念桌遊玩法 3 的玩家不可查看特徵解答表，且玩家抽完題目卡後，直到遊戲結束都不能看自己的題目卡，所以玩法 3 需要有第三人作為關主，當玩家購買特徵後，拿著題目卡及購買的特徵卡讓關主觀看，關主看完後若購買的特徵卡是該玩家題目的特徵時，關主需要拿出關主卡「O」給該玩家觀看，若不是該題目的特徵時，關主需要拿出關主卡「X」給該玩家觀看，讓玩家透過與關主的互動，推測自己抽到的題目卡是什麼，進而更有機會收集到正確的特徵。

特徵 題目	三角形	正方形	長方形	圓形	橢圓形	平行 四邊形	眼睛
①貓	2	-	-	4	3	-	2
②狗	2	1	2	-	1	4	2
③牛	2	1	-	-	3	-	2
④魚	6	-	-	-	-	-	1
⑤天鵝	5	1	-	-	-	1	1

● 圖 2

● 圖 3

67

AI 人工智慧概念

遊戲準備

將棋盤、題目卡、通道卡、特徵卡、驚喜卡、關主卡、角色卡、金幣、圓形底座拿出放置桌面。

每位玩家各拿一個角色卡，與圓形底座進行組裝，組裝完成後放置棋盤的起點位置，各玩家的起點位置不可相同。

每位玩家拿取 2 個金幣、2 張通道卡。

需要有一位關主，關主需使用「關主卡」告知玩家所購買的特徵與他的題目有沒有相關。

● 圖 4

遊戲流程

1. 每位玩家抽取一張題目卡，自己不能看也不可被其他玩家看到。

2. 將抽到的題目卡交給關主，關主看完之後將玩家們的題目卡蓋在桌上。

3. 玩家透過購買特徵時關主給予的相關「O」或不相關「X」提示進行推論，思考題目及其他相關的特徵有哪些。

4. 玩家以猜拳決定輪流順序，贏的玩家先執行，依序輪流進行回合動作。

5. 此玩法玩家不可以觀看特徵解答表。

每回合執行動作

1. 拿 2 個金幣，2 張通道卡

2. 通道：可透過棋盤上的虛線移動至下一格，若要移動位置需要消耗一張與虛線號碼一致的通道卡，並支付通道卡上所標示的金幣數量，進行移動。

3. 特徵量：若移動到「特徵」的位置上，則可抽取 1 張特徵卡。每回合可選擇是否要購買手牌中的特徵。

    YES：若要購買則支付特徵卡上所標示的金幣數量，並將購買的特徵卡放置我方的桌面上，已購買的特徵不可丟棄或更換。

    NO ：若不購買特徵，則可保留在手中，可於之後的回合購買或丟棄。

4. 玩家購買特徵之後，由關主判定給予相關卡「O」或不相關卡「X」，不可將答案給其他玩家看到，看完後將卡片還給關主。

5. 驚喜：若移動到驚喜的位置上，則可抽取驚喜卡，執行驚喜卡內容。

6. 棄牌：手中的牌不可超過 5 張，超過的需要丟入棄牌堆中。

| 獲勝條件 |

若有人已購買 5 張特徵卡，則為最後一局，每個人執行玩自己的回合後，則遊戲結束，並計算分數，最高分者獲勝。

計分方式：

購買的特徵與特徵解答表內相符的一張 5 分，手中若有剩餘的金幣一個 1 分。

請 2~4 人一組，依據玩法 3 的說明開始進行練習，遊戲時間約 20 分鐘。

附錄 給讀者/玩家的話
遊戲時間參考解答

給讀者／玩家的話

特徵小偵探：AI 桌遊透過蒐集特徵的 3 種方式，間接了解人工智慧中機器學習的一些概念。其中包含神經元、突觸、特徵量、監督式學習、非監督式學習、強化學習、人工神經網絡等。以下說明人工智慧專有名詞與桌遊對應的內容。

名詞	說明	桌遊對應的內容
人工神經網絡	簡稱類神經網絡或神經網絡，是指模擬人類大腦的神經迴路結構及構造的數學模式（學習模式）。	棋盤
神經元	神經元是神經系統的結構與功能單位之一。神經元能感知環境的變化，再將信息傳遞給其他的神經元，並指令集體做出反應。	棋盤中的每個圈圈
突觸	在大腦的神經細胞裡，有名為突觸的部位，只要到達一定電壓以上，就會釋放神經傳導物質，把電子訊號傳遞給下一個神經細胞。	棋盤中每個圈圈之間的連結（通道）
特徵量	機器學習在輸入時使用的變數，它的數值可定量呈現目標的特徵。機器學習隨著所挑選特徵量的不同，而讓預測精準度產生很大的變化。	特徵卡
監督式學習	把含標籤資料（正確答案）匯入電腦中，可以由訓練資料中學到或建立一個模式，並依此模式推測新的例子，稱作「監督式學習」。	玩法 1 知道答案與特徵量
非監督式學習	使用沒有附正解標籤的資料來學習的方法。監督式學習需要花功夫加上標籤（正確答案），而非監督式學習則不需要。	玩法 2 知道答案但不知道特徵量
強化學習	混合監督式學習與非監督式學習，先利用在分類問題上較容易出現成果的監督式學習，讓電腦機械性學習基本的特徵量。獲得一定程度的學習成果後，再使用非監督式學習，給予龐大的訓練資料。這種透過反覆學習，自動計算出特徵量的手法，也稱作「半監督式學習」。	玩法 3 不知道答案也不知道特徵量

遊戲時間參考解答

Chapter 2 生活中的人工智慧體驗

21 頁

提示：此練習為利用手邊的東西與電腦的攝像頭進行訓練，故無特別限定物品，生活常見物品如：水瓶、水杯、書包、鉛筆等皆可使用。

水瓶　　　　　馬克杯　　　　　鉛筆

Chapter 3 特徵小偵探：人工智慧桌遊

31 頁

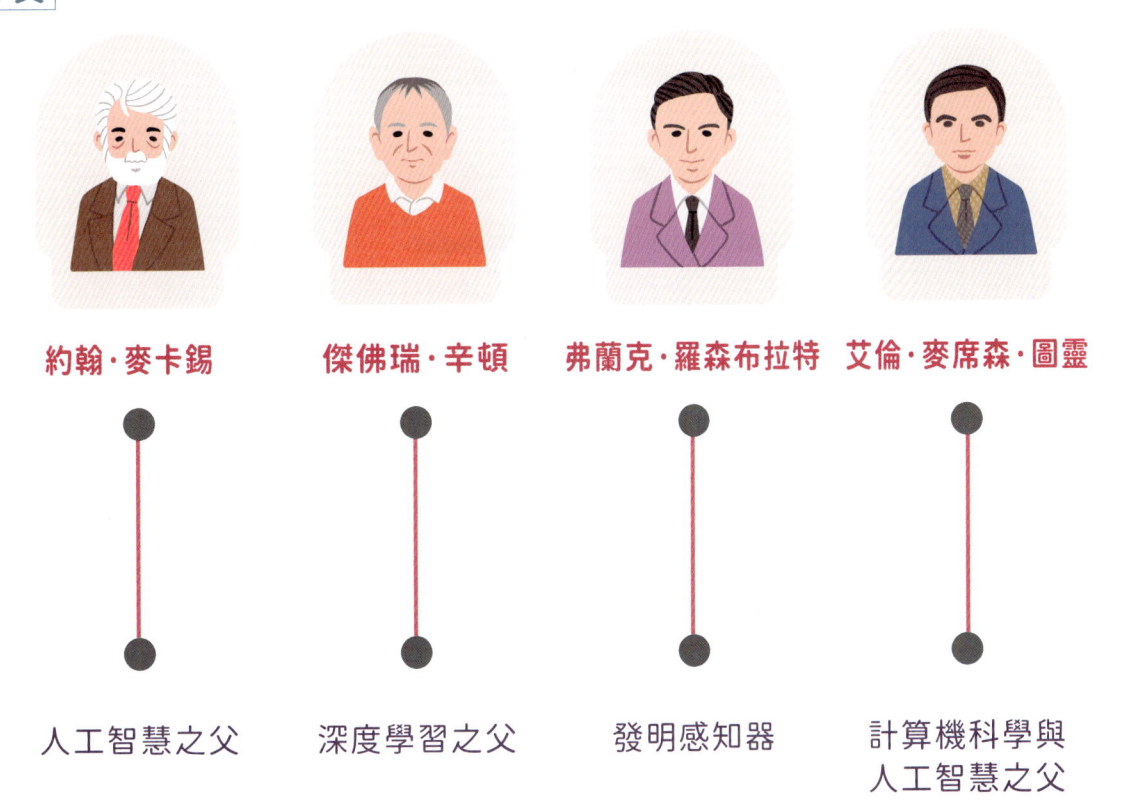

約翰·麥卡錫	傑佛瑞·辛頓	弗蘭克·羅森布拉特	艾倫·麥席森·圖靈
人工智慧之父	深度學習之父	發明感知器	計算機科學與人工智慧之父

AI 人工智慧概念

34 頁

序號	特徵\題目	三角形	正方形	長方形	圓形	橢圓形	平行四邊形	眼睛
1	汽車	2	2	2	2			
2	狗	2	1	2		1	4	2
3	牛	2	1			3		2
4	潛水艇	3	5	3		1		
5	房子	1	4	3			1	
6	帆船	5	1	2				

38 頁 略

45 頁

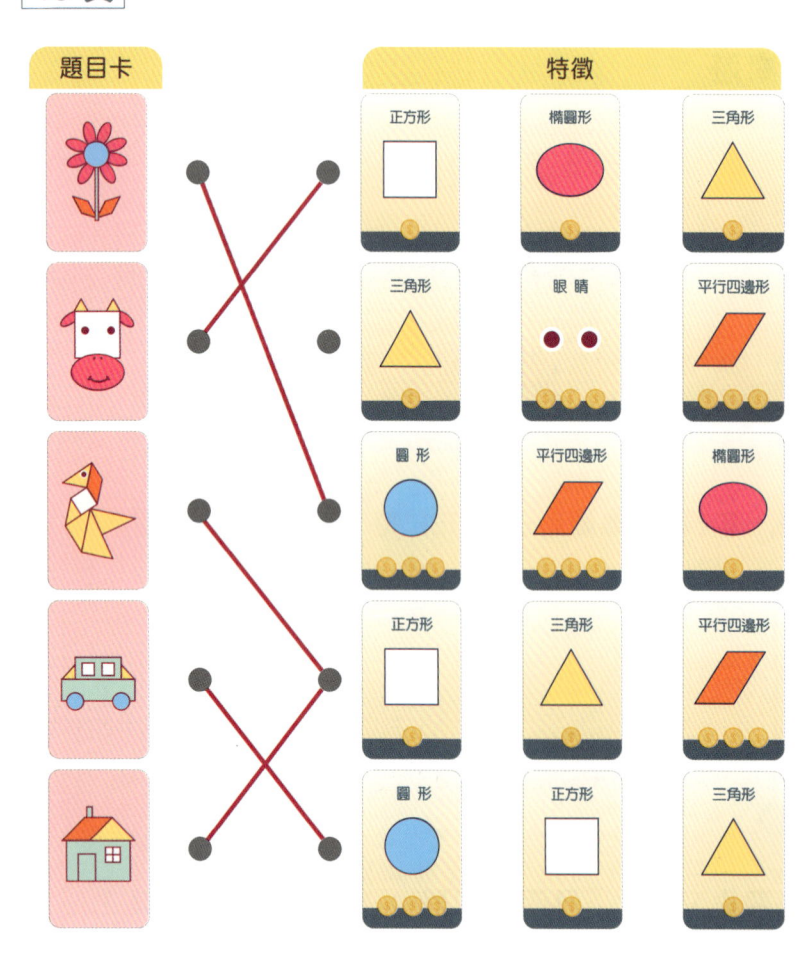

Chapter 4 特徵小偵探：監督式學習

49 頁

腳踏車：兩個細的輪子、兩個踏板、坐墊面積小、兩個手把、輪子內有數條細線等。

機車：兩個厚的輪子、兩個後照鏡、車頭燈、車尾燈、坐墊面積大等。

54 頁

略

Chapter 5 特徵小偵探：非監督式學習

57 頁

61 頁

略

Chapter 6 特徵小偵探：強化學習

66 頁

範例題目：1234

次數	猜數字	回應
1	0123	0A3B
2	4567	0A1B
3	0124	1A2B
4	1234	4A0B

70 頁

略

書　　　名	**輕課程 寓教於樂 AI人工智慧概念含特徵小偵探桌遊包**
書　　　號	PN303
版　　　次	2022年9月初版
編　著　者	國立屏東大學 吳聲毅・方嘉岑
責 任 編 輯	兩兩文化 郭瀞文
校 對 次 數	8次
版 面 構 成	陳依婷
封 面 設 計	陳依婷

國家圖書館出版品預行編目資料

輕課程 寓教於樂 AI人工智慧概念含特徵小偵探桌遊包 / 國立屏東大學 吳聲毅・方嘉岑
-- 初版. -- 新北市:台科大圖書, 2022.9
面；　公分
ISBN 978-986-523-532-1（平裝）
1. CST：人工智慧　2. CST：電腦教育　3. CST：初等教育
523.38　　　　　　　　　　111015102

出 版 者	台科大圖書股份有限公司
門 市 地 址	24257新北市新莊區中正路649-8號8樓
電　　　話	02-2908-0313
傳　　　真	02-2908-0112
網　　　址	tkdbooks.com
電 子 郵 件	service@jyic.net
版 權 宣 告	**有著作權　侵害必究**

本書受著作權法保護。未經本公司事前書面授權，不得以任何方式（包括儲存於資料庫或任何存取系統內）作全部或局部之翻印、仿製或轉載。

書內圖片、資料的來源已盡查明之責，若有疏漏致著作權遭侵犯，我們在此致歉，並請有關人士致函本公司，我們將作出適當的修訂和安排。

郵 購 帳 號	19133960
戶　　　名	台科大圖書股份有限公司

※郵撥訂購未滿1500元者，請付郵資，本島地區100元 / 外島地區200元

客 服 專 線	0800-000-599

網 路 購 書

PChome商店街 JY國際學院

博客來網路書店 台科大圖書專區

各服務中心

總　　公　　司	02-2908-5945
台中服務中心	04-2263-5882
台北服務中心	02-2908-5945
高雄服務中心	07-555-7947

線上讀者回函
歡迎給予鼓勵及建議
tkdbooks.com/PN303